U0151052

装备科技译著出版基金

3D 打印与增材制造技术——
标准、质量控制和测量科学

Standards, Quality Control, and Measurement Sciences
in 3D Printing and Additive Manufacturing

蔡志楷 (CHEE KAI CHUA)

[新加坡] 黄志豪 (CHEE HOW WONG)　编著

杨惠仪 (WAI YEE YEONG)

栗晓飞　雷力明　胡　晨　张　升　等译

国防工业出版社

·北京·

著作权合同登记　图字：01-2023-2912 号

This edition of Standards, Quality Control, and Measurement Sciences in 3D Printing and Additive Manufacturing by Chua, Chee Kai is published by arrangement with ELSEVIER LTD. of The Boulevard, Langford Lane, Kidlington, OXFORD, OX5 1GB, UK.

图书在版编目（CIP）数据

3D 打印与增材制造技术——标准、质量控制和测量科学/（新加坡）蔡志楷，（新加坡）黄志豪，（新加坡）杨惠仪编著；栗晓飞等译 . —北京：国防工业出版社，2024.1

书名原文：Standards, Quality Control, and Measurement Sciences in 3D Printing and Additive Manufacturing

ISBN 978-7-118-13041-6

Ⅰ. ①3…　Ⅱ. ①蔡…　②黄…　③杨…　④栗…　Ⅲ. ①快速成型技术　Ⅳ. ①TB4

中国国家版本馆 CIP 数据核字（2023）第 132699 号

※

*国防工业出版社*出版发行

（北京市海淀区紫竹院南路 23 号　邮政编码 100048）

三河市腾飞印务有限公司印刷

新华书店经售

*

开本 710×1000　1/16　印张 13　字数 220 千字

2024 年 1 月第 1 版第 1 次印刷　印数 1—1500 册　定价 108.00 元

（本书如有印装错误，我社负责调换）

国防书店：(010) 88540777　　书店传真：(010) 88540776
发行业务：(010) 88540717　　发行传真：(010) 88540762

译　者　序

　　增材制造（additive manufacturing，AM），是以三维模型数据为基础，通常以逐层叠加的方式连接材料从而制造零件的工艺。相对于传统制造技术，增材制造技术具有响应速度快、成形自由度高，能够实现轻量化结构设计、零件一体化设计、材料梯度设计等特点，受到了大众的广泛关注，在航空航天、汽车、生物医疗、能源、建筑、电子、船舶等工业应用中被广泛接受和采用。近年来，增材制造技术在消费产品、民用及军用高价值产品的制造中都扮演着重要的角色，在全面提升国防保障能力等方面的价值与意义尤为凸显。

　　当增材制造技术应用于生物医学、航空航天等受高度监管的行业领域时，鉴定与认证便成为产品实现批量生产和推广应用的关键步骤，用户/监管部门可通过鉴定与认证去证明实体或过程满足规定要求，从而保证最终产品的安全性与可靠性。在增材制造的鉴定与认证过程中，质量体系和质量保证是增材制造成功应用于相关行业领域和产品价值链的先决条件，与之对应的标准、质量控制及测量科学必不可少。

　　另外，在增材制造技术的前沿研究方面，作为一项多学科、跨领域的新兴技术，各高校院所、科研机构、制造企业及用户单位都在积极开展研究工作，这就需要在不同学科、不同机构之间实现高度的协调与合作，因此在多领域、跨学科实现规范统一，依据统一标准实现质量控制与测量就变得非常重要。

　　目前，国内外增材制造标准及测量科学正在快速发展，国际标准化组织与国外先进标准研究机构与协会等都积极开展相关的研究，以期建立完善的标准、质量控制及测量方法体系。

　　本书是第一本详细介绍增材制造标准、质量和测量科学的图书。该书系统介绍了增材制造标准及测量科学的关键组成以及当前进展情况。但是，随着标准、质量和测量技术的不断发展，书中所介绍的成果仅代表著作发表之前的技术进展，尚无法代表当前增材制造相关标准与技术的发展现状，仅供相关技术人员参考。

　　通过阅读本书，读者可从中了解增材制造中标准与测量科学的重要性、增材制造标准现状（仅限于该书出版之前）、增材制造专用的质量体系架构、数据传输中的数据格式及过程控制、不同增材制造原材料及材料的表征方法、增材制造系统及设备鉴定与确认活动及其安全性考虑、增材制造系统及打印零件的基准及计量方法等。

　　本书第 1~5 章由栗晓飞翻译，第 6 章由雷力明翻译，第 7 章由胡晨翻译，第 8 章由高银涛翻译，第 9 章由孙诗誉翻译，并由张升、刘栋、李俊昇和栗晓飞组成了审校组，对全书进行了统一校正修改。

　　译者特别感谢国防工业出版社为了获得本书出版权所做的努力，正是他们的努力使本书能够在国内出版。

　　由于译者水平有限，错误和不当之处在所难免，敬请读者批评指正。

译者

序

　　发明变革性技术是一件罕见的事情，或许一代人才能见一次。有关市场对技术的接受程度在很大程度上取决于与应用有关的确定性程度。它的一致性如何？其结果的可重复性如何？它给选择使用它的人灌输了多少信心？在很多情况下，一项技术的研究阶段和它的市场应用之间的差距是巨大的，而且在某些情况下从未弥合。由于缺乏市场准入，创新技术的进展可能永远无法实现其全部潜力，在许多情况下，这取决于建立难以捉摸但至关重要的共识标准程序的质量、速度和时间。

　　增材制造在 ISO/ASTM 52900 中被定义为将材料从三维模型数据中连接成零件的一个过程，通常逐层叠加，相对于减材制造和铸造制造方法，增材制造在变革性技术领域的排名很高。

　　近年来，增材制造技术已经发展到各种主流制造行业，包括航空航天、汽车、生物技术（医疗）和消费产品。尽管有了这样的增长，但共识标准（以及它们所基于的测量科学）的发展速度并没有反映出这些技术的加速发展和它们不断扩大的工业应用。为了应对这种差距，加速标准模式的开发以满足将增材制造方法扩展到这些新细分市场相关的需求越来越有必要。

　　鉴于在确定和制定这些急需的标准方面具有足够知识和经验的技术专家的数量相对有限，因此协作和因之避免重复就变得至关重要。在标准领域领先的是 ASTM 国际委员会 F42 的增材制造技术和 ISO/TC 261 的增材制造技术。借助上级组织之间的合作伙伴标准开发组织（PSDO）协议，这些全球标准开发人员在流程和专业应用程序方面都能力卓绝。ASTM 国际委员会各成员的基础设施中所固有的横向和纵向相关性的结合，创造了一种理想的环境，以应对与"标准化"相关的挑战，这一领域迫切需要高质量和与市场相关的桥梁。目前，正在处理的需求包括对不同增材制造工艺的性能进行比较，通过实现越来越精确的生产要求规范来改善买方/卖方动态、并为研究界提供一种机制，以提供能够独立验证的可重复结果。

　　标准有多种形式和规格，而一种规格很少适用所有的标准。在增材制造的领域里，需要的标准类型几乎都是增材制造技术所提供的应用程序。标准包括

V

规范、试验方法、分类、惯例、指南和术语。规范需要对物理、机械或化学性能，以及安全、质量或性能准则进行规定。试验方法对于识别、测量和评价一个或多个品质、特征或特性是至关重要的。有必要对材料、产品、系统或服务进行分类，并根据相似的特征（如来源、组成、属性或用途）进行分组。惯例适用于应用、评估、去污、检查、安装、准备、取样、筛选和培训的标准化。指南有助于提高对特定主题领域的信息和方法的认识。标准化术语是建立工业消费应用的统一和一致的必要语言。

共识标准程序的价值是无可争议的，但是在快速发展的增材制造领域中，不是任何程序都可以做到的。要想真正有效，标准开发必须是灵活、开放、透明、活跃、及时的。这些特性的结合为增材制造技术的标准开发创造了一个蓬勃发展的环境，从而防止了这种标准扼杀创新的可能。相反，一个强大、包容、充实的标准计划将通过创造一个环境来实现创新，在这个环境中，可衡量的差别点不是来自简单地达到标准，而是超越标准和超越多少。这样的竞争会推动创新，创新拓展市场，市场在精心制定的标准计划下蓬勃发展。

标准是多方面的，它们虽然建立在具有大量复杂技术的可靠科学基础上，但在许多方面也是市场准入的推动者和看门人。这种技术和经济相关性的结合具有令人难以置信的强大力量，并且对变革性技术至关重要，即增材制造技术实现其最大潜力。

Pat A. Picariello, J. D. , CStd

ASTM 国际发展运营总监

前　　言

　　增材制造（又称 3D 打印）正在彻底改变制造业的面貌，为各种产品的设计创造新的机会，并产生新的制造路线。近年来，增材制造在消费产品和高价值产品的制造中都扮演着重要角色。增材制造设备被安装在家庭、教室和高科技制造业的生产车间。这种新的技术趋势在生物医学和航空航天等受到高度监管的行业中更加明显。

　　质量体系和质量保证是增材制造技术成功应用于这些服务和产品价值链的先决条件。

　　在研究前沿，增材制造技术正在生物打印、电子打印等研究领域以及环境相关领域开创新的范式。这些都是高度综合的技术领域，需要不同机构之间的协调努力和不同学科之间的合作。因此，在增材制造研究中创造新的科学时，应用质量管理原则和可靠的测量技术同样重要。

　　然而，增材制造中的标准和测量科学进展有限。本书旨在介绍增材制造中的标准和测量科学的关键组成以及当前进展。这将是第一本有关增材制造标准、质量和测量科学的图书。

　　我们通过本书介绍以下方面：
　　（1）增材制造中标准和测量科学的重要性；
　　（2）增材制造标准的现状；
　　（3）为增材制造工艺专用的质量体系框架；
　　（4）增材制造中的数据格式和过程控制；
　　（5）不同的材料和表征方法；
　　（6）不同增材制造系统的设备确认活动和安全性考虑；
　　（7）增材制造系统和打印零件的基准和计量方法。

蔡志楷（Chee Kai Chua）

黄志豪（Chee How Wong）

杨惠仪（Wai Yee Yeong）

目　　录

第1章　增材制造技术概述

1.1　增材制造技术介绍

近年来，产品的升级换代越来越快，新产品功能更强、设计更具创新性。全球市场的竞争日益加剧，使各公司不得不在尽量短的时间内推出新产品。一般来说，传统制造技术需要很长的生产时间，又因为是减材生产，所以无法避免材料浪费，并且工艺路线繁长，如铸造和机械加工。为了满足产品快速变化的需求，必须开发新技术，减少在设计、制造、测试和市场阶段的时间和花费必须缩短。

增材制造（additive manufacturing，AM）又称为 3D 打印，是通过计算机的控制，一层一层地添加原料来生产零件的一种技术[1-3]。运用计算机辅助设计（computer aided design，CAD）技术创建并导出立体光刻（stereol lithography，STL）文件，由增材制造设备读取。现在已有许多不同的增材制造技术，可以按照它们的原材料进行分类：粉末基、液体基和固体基。粉末基增材制造技术包括激光选区熔化（selective laser melting，SLM）、激光选区烧结（selective laser sintering，SLS）和电子束熔化（electron beam melting，EBM）；液体基技术包括立体光固化成形（stereo lithography appearance，SLA）和紫外线固化（UV curing）技术；固体基技术包括分层实体制造（laminated object manufacturing，LOM）和熔融沉积成形（fused deposition modeling，FDM）。以下介绍增材制造相较于传统制造的优势。

1.1.1　小规模生产

增材制造主要面向小规模定制和个性化生产，而传统制造业则倾向于大规模生产。传统制造实际生产前的加工准备过程既烦琐，成本又高，因此在小规模生产中，增材制造比传统制造更具经济优势。定制化的最大商机之一是医疗保健行业。例如：植入物目前只有几种固定的尺寸，如果患者需求介于两种固定尺寸之间，患者会因为配合不良而感到不适；再如牙冠，牙医为制作牙冠而取牙印。然而，这种产品通常并不完美，需要手工制作来改善牙冠的贴合性，一个成功的制作需要丰富的经验和优秀的手艺。现在有了增材制造技术,定制是可能的,而且相对容易。

1.1.2　低成本生产

与增材制造不同,传统工艺在操作、装配和检测阶段通常是劳动密集型的。操作传统流程需要大量的专业知识,且容易出错,并且需要后处理。毛坯的大部分材料都被移除从而产生浪费,而不像在增材制造工艺中可以直接再利用。例如,飞机部件的常规制造工艺中,有多达90%的毛坯材料被去除。然而,如果采用增材制造技术,原材料的利用率可以提高,浪费也能大大减少。传统工艺中产生的人工、材料和工具成本也要高得多。现在,由于多个子组件可以采用增材制造一体化成形,因此可以减少装配工作。此外,增材制造的原材料在交付周期方面也有优势。比如增材制造中使用的钛粉只需要提前3周订购,而在传统制造中同样坯料形式的材料则需要提前1~2年购买。这是由于毛坯是按要求的尺寸和微观结构铸造的,为了规模经济,必须大量生产,而粉末是按照简单的通用形式预先制造的。这降低了库存成本和整体生产时间,扩大了增材制造技术的使用范围。

1.1.3　响应式生产

增材制造技术的生产工艺易于调整,通用程度高,各种设计可以快速打印制造、测试、修改和重制。一级方程式赛车就是一个例子,当工程师们正在打印赛车部件,并分析新增材制造部件性能时,一个改进的版本已经在准备打印了。与增材制造相比,传统技术制造特定的组件通常需要很长时间。例如,通过传统技术生产一个飞机部件需要60周,而采用增材制造技术只需要1个月。

1.1.4　较短的供应链

目前,在传统的制造业中,产品在根据需要交付给客户之前被分发并存储在仓库中,于是未售出产品产生的额外成本会随着时间的推移而增加,先进的物流业对于确定特定产品的最便宜路线也至关重要。如果外包产品的交付和运输可以在交付期内完成,并且这样做的成本比本地制造成本低,那么即使产品在地球的另一边,人们仍然会选择外购。目前,按库存生产的策略仍然比按订单生产更普遍。增材制造能够缩短供应链,因为公司可以直接在现场制造任何组件,避免了远距离运输,物流成本和碳排放得以降低,这使得制造业比以往任何时候都更贴近客户。由于增材制造设备的成本降低,而劳动力和石油价格上涨,因此,在制造业中采用增材制造技术可以打破传统的制造概念。

1.1.5　优化设计

增材制造能按非常复杂的设计进行生产，有助于提高零件的应用性能。例如，在汽车工业中使用的点阵结构，既能减少整体重量，又能增强抗冲击性能。增材制造还允许对产品的基本原理和架构进行迭代，而使生产的商品持续改进。相反，由于传统制造的常规预算和质量要求限制，部件的复杂程度是很有限的。例如，铸造需要拔模斜度，以确保容易脱出零件；转角处应设计成圆角，以减少应力集中；以及在实际制造之前必须考虑体积收缩，以保证尺寸精度。

1.2　日益扩大的增材制造技术应用

当全球环境变得越来越复杂和充满活力时，拥有长远的战略眼光非常重要。因此，有必要提前思考并预测任何可能的变化。增材制造领域未来的一些关键变化是：增材制造技术应用于零件定制化、生产工艺集成化与自动化，用于定制特定性能的零件；增材制造标准的认可和增材制造技术的认证。目前，在航空航天、汽车和电子元件的生产中，增材制造技术的使用越来越多。认证机构已经认识到了增材制造技术的重要性以及新的增材制造产品开发认证程序的必要性，从而提高技术透明度，增加人们对增材制造技术的安全性和可靠性的信任。目前，虽然增材制造技术的市场渗透率仍然有限，但有许多潜在的领域可以扩大增材制造技术的应用。例如，将增材制造技术与电子产品生产工艺相结合，以在电子工业中取得更大的进步。

1.3　增材制造技术的材料

增材制造技术的早期应用之一是快速生产净成形的塑料原型，不需要昂贵的特殊工具或技术要求高的工作。采用增材制造技术能直接制造一些传统工艺难以加工的近净成形复杂结构，尤其对于硬质金属、陶瓷和复合材料，这种优势让增材制造技术得到了广泛的应用。增材制造专用材料的改进和开发取得了巨大的进步。在（SLA）中，有毒性丙烯酸树脂已被性能更好的环氧基树脂所取代；（FDM）现在可以使用丙烯腈-丁二烯-苯乙烯共聚物，而不仅仅是尼龙和蜡；（SLS）现在可以在不使用聚合物黏结剂的情况下烧结金属或陶瓷。

目前，基本上任何材料都可以用增材制造技术生产。这些材料可分为四大类：塑料、金属、陶瓷和复合材料。

1.3.1　塑料

市场上有各种各样且不断增加的适用于增材制造技术的塑料，这些材料的透明度、热性能或力学性能有所区别，应根据产品的应用特点，选择合适的塑料。目前，塑料表现出与传统制造中使用的材料相似的性能，并已取代了 20 世纪 90 年代早期使用的性能不佳的脆性材料。

聚酰胺（尼龙）由于其在注塑成形中的广泛应用，成为塑料激光烧结中最常用的热塑性塑料。但是，尽管化学性质相同，与注射成形的尼龙相比，增材制造技术中使用的特定等级的尼龙具有不同的物理性质和更多样的加工工艺。通过激光烧结制造的产品的特性也与注射成形产品明显不同，这不仅是由于材料性能的差异，也与操作条件不同有关，如聚合物在两种不同制造工艺中的压力和冷却速率。

尼龙基粉末 SLS 成形的力学性能可以提高。例如采用玻璃填充粉末，这类似于用纤维增强注塑材料，这种增强材料提高了产品的刚度、耐热性和各向同性。随着全球使用的增材制造系统的增多，专门从事粉末生产的第三方促进了经济并推动了新材料的发展。

任何材料都可以用于塑料激光烧结，只要它们涂有尼龙并且是球状粉末的，因为球形粉末具有良好的流动性，涂层充当黏结剂，内部球体像颗粒一样起作用。聚苯乙烯也可用于塑料激光烧结，特别是在要求韧性、抗冲击性和模具制件性能的应用方面性能优异。

FDM 使用热塑性塑料，如 ABS、聚碳酸酯（PC）、尼龙和聚苯砜，这些材料与在传统制造工艺中试验和测试的材料相似，具有不同的公差等级、力学性能和化学性能以及环境稳定性，并具有特殊性能，如静电消散、半透明性、生物相容性或阻燃性。

SLA 可使用液态树脂，类似于聚丙烯和 ABS 的性能和使用方式。为提高产品的整体性能，现已开发出纳米尺寸颗粒的新型复合光聚合物，除了力学性能不同，如刚性和液体树脂中的热变形、体积收缩率和加工工艺性也得到了改善。

如今，除了酰亚胺化材料，各种力学性能、化学性质和环境性质大不相同的塑料都可以用于增材制造。聚酰亚胺是一大类具有极高耐热性和耐化学性的聚合物，尚未用于增材制造。

1.3.2　金属

增材制造中最常用来生产金属零件的技术分为部分熔化工艺和完全熔化

工艺。前者包括 SLS[4-5] 和激光微烧结，而后者包括 SLM[6-9]、3D 激光熔覆和 EBM。通过部分熔化技术制造的零件的密度是理论密度的 45%~85%，通常需要用较低沸点的材料对部件进行炉内烧结和渗透，以增加最终密度，分两步工艺完成。另外，完全熔化技术生产的零件的密度与传统制造相当。金属粉末通常是平均直径为 45μm 的球形。根据所用金属粉末的类型、光束直径、层厚以及零件的其他方面，应确定一组合适的工艺参数，包括激光功率、扫描速度和扫描策略。热处理可用于降低残余应力和优化零件的微观组织。此外，为了在这些工艺中获得更高的几何精度和表面质量，可能需要进一步的后处理。

增材制造技术中最常用的金属是钢及其合金，因为它们可用作骨科和牙科植入物，成本合理，生物相容性好。钛及其合金较少使用，其次是镍、铝、铜、镁、钴铬合金和钨。贵金属也有使用，如金，表 1.1 对这些材料作了总结。由增材制造生产的金属零件的力学性能通常比传统制造的零件更好，这是由于其更高的冷却速率，能产生更细小的微观组织和晶粒尺寸，从而增强了力学性能。

表 1.1　增材制造技术中使用的金属合金类型

合金类型		参考文献
铁	316L 不锈钢	[10-22]
	314S 不锈钢	[12, 23-25]
	304L 不锈钢	[26]
	Inox904L 不锈钢	[18, 27-28]
	M2 高速钢	[11-12, 23, 29]
	H13 工具钢	[23, 30-32]
	H20 工具钢	[33]
	马氏体时效钢	[19, 34-39]
	沉淀硬化钢	[40-42]
	奥氏体和马氏体钢混合物	[43]
	Fe-Ni 合金	[44-45]
	Fe-Al 合金	[46-47]
	Fe-Cr-Al 合金	[48]
	Fe-Ni-Cr 合金	[45, 49]
钛	工业纯钛（cpTi）	[50-58]
	Ti-6Al-4V（Ti64）	[42, 54, 59-62]
	Ti-6Al-7Nb	[63-65]
	Ti-24Nb-4Zr-8Sn	[61, 66]
	Ti-13Zr-Nb	[67]
	Ti-13Nb-13Zr	[68]

续表

合 金 类 型		参 考 文 献
镍	纯镍 Inconel 625 Inconel 718 Hastelloy X Nimonic 263	[69] [30-31，70-72] [73-74] [75-77] [78]
铝	纯铝 Al-Si-10Mg Al6061 Al-Si12	[79] [69，80-86] [17，81，87] [81，88-89]
铜	纯铜 C18400 Cu-Ni15 其他成分	[90] [91-92] [45] [13，17，20，31，92-93]
镁	纯镁 Mg-Al	[94-96] [79，97]
钴铬合金	(Co-Cr)	[98-99]
钨		[94，100-102]
金		[103-104]

1.3.3 陶瓷

陶瓷已广泛用于增材制造技术之中，如表 1.2 所列，它们在 SLS 中用作粉末黏结剂组合物，在 SLA 中用作陶瓷填充树脂。此外，SLM 技术还在探索用陶瓷生产高致密度零件，但是，陶瓷的增材制造比金属更具挑战，因为陶瓷熔点高和成形性差。陶瓷还容易受到热冲击的影响，热冲击会导致打印的陶瓷部件出现裂纹，可以通过预热粉末层来缓解。此外，陶瓷粉末流动性差的问题可以通过喷雾干燥来改善，以提高成形层表面质量。CO_2 激光器通常用于熔化陶瓷，因为陶瓷材料对该波长的光有较高的吸收率。

表 1.2 增材制造技术中使用的陶瓷材料的类型

陶瓷材料类型	参考文献
氧化铝	[105]
氧化铝-氧化锆混合物	[106-108]
氧化铝-二氧化硅混合物	[109]
二氧化硅	[110-112]
碳化硅	[113]

续表

陶瓷材料类型	参考文献
一氧化硅	［113］
钇稳定氧化锆（YSZ）	［106, 114］
磷酸三钙（TCP）	［114］
$Li_2O-Al_2O_3-SiO_2$玻璃（LAS）	［115-116］

1.3.4　复合材料

密度为 99.9% 的无裂纹金属基复合材料可以与碳化钨-钴（WC-Co）、陶瓷或有色金属增强体结合以提高力学性能。这种增材制造复合材料具有高硬度和耐磨性，通常用于一些极端条件，包括石油和天然气、采矿、汽车或电力行业。均匀细小的微观组织有助于提高硬度，不需要通过昂贵的后处理或热处理进一步改善力学性能。金属基复合材料（metal matrix composites，MMC）粉末通常通过混合不同的金属粉末来制备。当金属颗粒在打印过程中熔化时，熔化的金属基质会将组织强化相粘合在一起。MMC 具有主流金属或合金不具备的独特性能，其增材制造产品备受关注。SLS 处理硬质金属能够产生与传统制造相当的组织，在增材制造中研究最广泛的复合材料是 WC-Co MMC。激光金属沉积（laser metal deposition，LMD）技术也被用于使用球磨粉末制造块状 WC-Co MMC，所述球磨粉末在钴基体中包含 WC 微晶。在 LMD 打印零件中可以观察到显微组织随样品高度而变化，这是由于材料在制造过程中的冷却速率的差异，导致了硬度随样品高度的变化。

气体残留、金属基体和增强相交界处的微裂纹以及粉末颗粒结块是获取具有理想均匀微观组织致密 MMC 的增材制造中面临的一些挑战。界面脱落对 MMC 的力学性能有害，因为它们会成为裂纹扩展源，如 SLS 制造的由 Ti-C/Fe、Ni 增强相组成的有色金属基复合材料的弯曲试验。该复合材料总体上是韧性的，但在金属基体和陶瓷 TiC 界面处是脆性的，因为金属和陶瓷之间的界面湿润性差，解决这个问题的有效方法是通过用金属层涂覆陶瓷颗粒来改善界面结构，以增强湿润性。涂有镍的陶瓷 TiC 颗粒可用于增强 inconel625 和 Ti-6Al-4V 合金，防止金属-陶瓷界面之间形成微裂纹和因陶瓷颗粒聚集而导致的不均匀性。据报道，添加稀土化合物还可以改善 MMC 的加工性能，因为它能够使颗粒分散，从而形成均匀的精细微结构。

1.4　增材制造技术的应用

人们常常误解的是，认为特定类型零件制造只能使用某一种增材制造技术。事实并非如此，不同的增材制造技术能够解决相似的问题。除预期的应用之外，在选择合适的材料时还会考虑特殊要求，设计尺寸、尺寸精度、表面粗糙度、分辨率质量和所制造零件需要的温度范围等是影响材料选择的一些因素，然后选择能够处理所选材料的合适增材制造技术。

增材制造技术可用于直接或间接的原型制作、生产制造和加工。直接过程就是使用增材制造技术将数字模型直接打印成实体零件，然而，由于颜色、透明度和设计灵活性有材料方面的限制，并非所有设计都可以进行增材制造，不仅如此，相比传统制造技术，增材制造技术主要用于小规模生产，大规模打印成本高昂。因此，在便宜的大规模生产之前，可用增材制造技术制作原始设计的初版。这种过程就是间接的，因为产品并非用增材制造技术大规模生产。抛开直接或间接过程不谈，增材制造在汽车、航空航天、医疗、教育和铸造行业都有所应用。

1.4.1　汽车工业

自 20 世纪 80 年代末以来，汽车工业就已采用增材制造技术来设计和更新汽车零部件。在产品开发阶段会打印各种各样的原型用于评估设计。随着定制变得越发重要，增材制造这个解决方案吸引了很多关注，因为传统技术难以实现定制化。

增材制造技术曾被用于打印汽车内饰原型进行测试和交流，而传统制造技术，如塑料注射成形则被用来制造实际的汽车部件。汽车的内饰设计通常会影响其销量，现在有了可定制的内饰，买家可以根据自己的喜好和预算进行个性化定制，从而提高汽车销量。由于增材制造技术能满足各种不同的需求，现在汽车上出现了更多的增材制造部件。精确尺寸的仪表盘打印成小的组件，然后粘在一起，涂上树脂。SLA 的高打印精度使得单独的部分能独立制造，然后无缝装配，并且功能性装配部件也能分开制造。实用的发动机集气箱也可以用 SLA 技术打印出来，由于燃烧过程的高温，因此采用能够承受高温的热固性聚合物打印。

用传统方法生产零件并不总是最经济的，尤其是在产量不够大的情况下。小系列注射成形嵌件通过 SLA 制造更具经济效益，该技术打印的模具嵌件尺寸精度高，并且使用韧性高的类似 ABS 的材料，打印的模具可以承受注射成形时的压力和热量。部分汽车外部零件可以利用增材制造技术生产并直接使用，如半挂车的前挡泥板和定制的管道口。用增材制造技术可以在短时间内制造出这些组件，如 SLA 技术和 FDM 技术，其中大部分可以在组装之前打印成较小的部分，涂上所需的颜色并进行相应的装饰。

美国国家航空航天局（NASA）的工程师们正在利用增材制造技术制作空间探测器中多达 70 个部件，用于小行星探索以及最终的火星探索。增材制造为某些空间探测器部件的制造提供了一种简单易行的方法，否则传统制造将是一个复杂的过程。通常情况下，设计并不完全符合设计师的意图。然而，现在有了增材制造技术，可以在一天甚至几小时内打印出设计，然后可以快速检查和修改实际的设计。在项目预算和周期方面，相比传统制造技术，增材制造技术使设计过程成本降低和时间缩短。

1.4.2　航空航天

目前，增材制造技术广泛应用于从最初的设计到测试、加工阶段，最后到航空航天部件的实际生产的飞行器制造各个阶段。不仅如此，增材制造也用于维修工作和作为支持系统。航空航天原始设备制造商（original equipment manufacturer，OEM）、维护、修理和大修（maintenance, repair, and overhaul, MRO）公司越来越多地采用增材制造技术。在航空航天中，经常需要对部件或整个组件进行特殊设计。增材制造技术的灵活性和优势能在中小企业得到很好的发挥，使得它们也能够与大企业竞争。

增材制造技术在航空航天业的变革和创新探索中表现出了巨大优势。增材制造技术在航空航天中吸引人的另一个原因是，它能够使用化学阻燃材料打印轻质结构。航空航天部件需要承受恶劣的条件，如极端温度和过载应力断裂。随着高性能材料的发展，增材制造技术的应用越来越多，例如飞行器制造中使用的工具、夹具和最终实际产品。增材制造技术能用复合材料打印航空应用所需的工具，生产的成本和时间比传统制造要少得多，传统制造需要几千美元和几个月才能完成。增材制造的多功能性允许奢侈的设计修改，而不会显著增加成本和时间。

复合材料可以包覆在增材制造出的可溶性型芯周围，以产生中空的复合部件，比如无人驾驶飞行器舱的制造。增材制造技术消除了维修工作和小规模制造中对模具的需求，而模具通常占总成本的大部分。与传统的制造方法相比，增材制造可以在几个小时内打印出制造用的辅助工具，如模具、夹具、靠模和型架，而无须消耗几周，如用 FDM 技术在不到三天的时间以较低的成本建造聚碳酸酯连接管道，而类似的铝铸件则需要超过 6 周的时间来制造。此外，航空公司对飞机内部有不同的要求，因此飞机制造商美国波音公司正在定制打印其飞机的内部。传统制造生产这种定制品是非常耗时的，并且生产数量少导致成本高昂。美国通用电气航空公司也在使用增材制造技术来减轻发动机重量，节省油耗。

1.4.3　医疗行业

不同性质的生物相容性材料可用于打印尺寸精度极高的外科器械和原型制品，如通过 FDM 技术使用高性能热塑性材料定制夹具或紧固工具。2008 年，新加坡国立大学医院（NUH）美容整形中心的医生就已开始使用增材制造技术，患者头骨的三维（3D）模型会被打印出来作为手术的辅助工具，为医生提供了其他方式无法获得的精确视觉信息，这些重要的信息能让外科医生在实际手术前做更充分的准备。为了重现头骨的受损部分，需要扫描该区域的 3D 轮廓并转换成数据文件，由于高尺寸精度和光滑的表面，增材制造出来的颅骨植入物能与患者头骨无缝配合。

增材制造技术具有设计灵活、可定制和产品质量高等特点，还被用于为先天性多发性关节挛缩症（AMC）患者构建机器人外骨骼部件，AMC 患者关节僵硬，肌肉萎缩，这些患者即使成年后也无法抬起手臂，这种无法使用四肢的情况会影响发育，导致认知和情感出现缺陷。以往，机械臂由金属部件制成，对儿童来说太大、太笨重；目前，使用增材制造技术，可以定制和打印适合儿童日常使用的耐用、轻便且小型的部件。如果机械臂在使用时断裂，可以很容易地再打印一个，且不需要很长的准备时间。这使年龄较小的患者有能力进行日常活动，如玩耍和自己吃饭。

增材制造技术也被用于牙齿矫正治疗，该治疗采用传统方法非常费时费力。完成某一特定程序所需的操作步数在很大程度上取决于牙医的经验以及与患者的沟通。为了消除传统做法中口腔压迫带来的不适感，现在可利用口腔扫描的数字图像以增材制造技术制造口腔植入物，如支架、校准器和扩张器，可以快速、方便、干净、高精度地打印出来。由于所有的信息都是以数字方式存储的，因此不再需要长年存储大量的物理实体模型。这减少了牙医的人工成本、工作量和可能的人为失误，缩短了生产时间和增加了产量，治疗程序的准确性、效率和成功率显著提高。因此，当预约时间和频率减少时，患者和牙医都将有更多的空闲时间。以往牙齿数字化矫正的投资过于昂贵，较小的实验室和诊所难以建设。现在，有一些专业、易于使用的增材制造设备，而且小巧、操作友好、价格实惠，于是普通牙科诊所能为更多患者服务，提高了牙医的效率和收入。另外，还简化了植入物的生产工艺，为正畸实验室提供了更简便低廉的解决方案。

1.4.4　教育

增材制造技术让学生天马行空的想法部分得以实现了，现在能很方便地将构想制作成实际的物品，这能激发学生们的创造力。向富有活力的学生展示这种先进的技术，能让他们更好地接受未来不断变化的世界。要激发 11 岁以上的学生学习艺术和工科知识的兴趣，往往需要更大的动力。增材制造的过程可以让学生看到他们的想法逐步实现，这通常会让他们感到惊讶。在明尼苏达州的非营利性机构 STARBASE 实施了一个引入增材制造的教育实验，该项目的课程与国家标准一致。通过具体的任务，如火箭模型的发射，学生们以一种全新的方式学习数学、科学、设计和工程等领域的知识。学生们在完成作业的过程中获得了很多的乐趣，他们甚至没有意识到自己在应用数学和科学。学生们的任务是首先在 CAD 系统中设计出火箭尾翼；然后增材制造出来，再发射火箭，并收集数据；最后讨论尾翼的特征是如何影响火箭性能的。这为学生提供了一个现场学习的机会，这个过程类似于工程师的实际工作。

教育工作者自己也参加研讨会，在那里他们可以接触到不同种类的增材制造技术，并了解最新的方法、材料和行业内发生的事情。他们在技术上的实际经验顺利地传授给学生是很重要的，这更好地提升了学生们在实际工作中解决问题的能力。增材制造技术不仅可以应用于普通的教育，也可用于高端研究，特别是在高校的工程和建筑领域，学生们正应用增材制造设备制作其他方法难以制造的复杂模型。其他技术无法生产的设计中的小特征，现在可以通过增材制造技术实现，例如，将传统的铝制汽车保险杠重新设计，以往需要一至两天的生产时间。利用增材制造技术制造复杂结构的优势，学生们为他们的机器人创造了一种与传统设计一样轻巧、坚固的塑料设计，并且打印时间不到两个小时。此外，增材制造设备的高分辨率允许设计中的精细细节。

研究生们也在使用增材制造技术来为机器人研究制造真正具有解剖学功能的人体肘部，这种复杂设计的材料可以调整并用多种材料打印，这是传统制造无法实现的。在增材制造方面的宝贵经验为学生求职提供了更好的准备和竞争优势。几十年的制造限制不复存在，学生们必须重新思考他们设计产品的方式，增材制造是一种能够实现复杂的新颖设计的技术。学生是未来的建设者，让他们接触增材制造是使他们掌握一种建设美好未来的必要工具。

1.4.5　原型开发

配备增材制造设备的制造商发现，他们有能力抓住传统制造技术无法实现的苛刻的商业机会。增材制造技术的灵活性能使制造商在任何时候，以简单地编辑 CAD 文件的方式来修改产品设计。一个例子是集中在中小规模的原型制造业务中的传统注塑成形技术向增材制造技术的变革。传统的注塑成形模具的成本高，开发和生产过程也非常耗时。若应用增材制造技术，只需要将一个 CAD 文件导入机器中，并且打印一个零件也只需要数个小时。即使是一个具有复杂几何形状的大零件，也最多需要几天就能完成，而不是像传统制造那样需要几周或几个月。传统制造业竞争激烈，自从有了增材制造，公司不再需要以业务的快速周转来保证竞争力，而是能集中在开发、设计、打样和原型设计阶段的想法。这使得公司能够通过原型机开发和生产来实现客户的想法。

通常情况下，公司必须在很短的时间内取得成果，需要修改的产品要在短时间内研究、改进和再次打印。打印出的原型中的任何错误，如部件不匹配，都可以立即纠正并重新打印。如果在批量生产之前没有纠正这些错误，产品将不安全，也无法正常工作，这将导致损坏工具、重建，并产生额外的时间和成本。因此，增材制造技术改变了"游戏"规则，它能继续推动项目，而非扼杀它。投资了增材制造技术以改善流程的公司不再需要为管理费用、加价、债务和交货时间等方面伤脑筋。这是通过提供不同的服务提高竞争优势的机会，让他们领先于竞争对手。FDM 技术是医疗设备原型制造中经常使用的增材制造技术，例如向血管中注射显影剂来对比的诊疗系统，这让医生能够看到血管解剖结构，并为最终确定治疗方案提供帮助。任何公司都想提高效率，以抢在竞争对手之前将产品带给客户。增材制造技术加快了产品开发的创造过程，设计可以快速打印实现，这与传统的加工方式有很大的区别。此外，增材制造还可以打印复杂部件的子组件，以减少零件数量，这使得在原型中的错误可以逐步排查，避免了之前原型阶段就需要的昂贵模具。损坏的部件可以很容易地更换，而不需要大量的库存，只保留所需的原材料，从而实现更精简的库存管理。

1.5 增材制造技术的全球发展现状

1.5.1 各国增材制造技术的发展

由于许多国家的相关部门的扶持政策，增材制造技术蓬勃发展，在许多领域日益普及，影响逐渐扩大。增材制造能在一个工厂内打印各种产品，消除了仓库存货，避免了繁长的交货时间和复杂的物流，带来了一个相当大的供应链转变。这项技术在提高产品设计自由度、缩短交货时间和减少材料浪费方面的潜力已经吸引了许多行业的注意，他们希望投资并从中受益。管理部门通过各种项目的支持，使增材制造技术成为生产支柱，这对推动该领域的研究至关重要。领先的增材制造技术研究中心包括英国工程和自然科学研究委员会（EPSRC）、英国增材制造创新制造中心、美国国家增材制造创新研究所（NAMII）（后来称为美国制造）、新加坡增材制造研究中心（SC3DP）和德国直接制造研究中心（DMRC）。这些中心拉近了研究与实际应用之间的距离，取得了切实的成果，推动了技术进步。自 2012 年 7 月以来，美国诺丁汉大学和拉夫堡大学一直在英国联办由 EPSRC 资助的增材制造创新中心，该中心获得了政府部门和众多参与公司共 810 万英镑的资金，专注于开发使用多种材料的多功能产品，这就使得在单一增材制造过程中可制造出多零件的复杂部件，免除了装配过程，这种产品在许多行业中都可以应用。

NAMII 是一个可实现自给自足的试点机构，坐落于俄亥俄州的扬斯敦市，成立于 2012 年 8 月，旨在倡议美国对制造业投资。该研究所的目标是成为全球领先的增材制造中心，并为开发新的增材制造技术和产品提供支持。将来自政府机构和参与的公司的 7000 万美元的基金交给了这个由 40 家公司、9 个研究机构、5 所大学和 11 个非营利组织组成的联盟。该联盟致力于拉近科学研究和产品开发的距离，还向学生、工程师、公司和设计师传授增材制造技术。

SC3DP 是一个国家资助的研究中心，提供世界一流的增材制造设备，拥有资金接近 1.5 亿新币。该中心致力于创新技术和新工艺开发，同时培训劳动力和吸引人才，以满足增材制造日益增长的需求。SC3DP 关注的 4 个重点行业是航空航天和国防、建筑和施工、航海和近海、制造业的未来。该中心提供一站式服务，为各公司提供项目交流和咨询。

德国的 DMRC 成立于 2008 年，涉及多个行业和学术界，分别是美国波音公司、电光系统（Electro Optical Systems，EOS）、赢创工业（Evonik Industries）、SLM Solutions GmbH 和帕德博恩大学。该研究中心的目标是通过技术和设备的进步，建立现有的优势和提高合作伙伴的能力。该中心还旨在促进各公司采用新技术和新设备，培训年青一代使用增材制造，同时进行市场研究，以及增材制造未来的基准程序和方案预测。

然而，在增材制造领域，研究机构、研究中心和从业者之间缺乏合作，导致花费的金钱和时间对技术的发展总是没有重大的贡献。如果研究人员和整个产业链上的合作者之间的联系更强，那么该技术在产业中就会有更多应用。

1.5.2　增材制造技术的经济前景

工业化国家和发展中国家积极开发增材制造技术以提高生产力和竞争力，中国、新加坡和几个欧洲国家已经投入了数亿美元用于增材制造的开发和商业化。增材制造产品应用范围广泛，因此它对许多行业产生了重大影响。随着增材制造的挑战最终得以克服，可以预见，这项技术将促进全球经济发展。随着增材制造变得更容易操作，更便宜，应用更广，这项技术可改变产品的制造方式，使国家和行业受益。当前的一些重大挑战包括标准的制定、开发更多种类材料、提高材料的可靠性，以及提高设备和工艺的可靠程度和准确性。

1.6　增材制造中质量管理、标准、质量控制和测量科学的重要性

尽管许多公司已经通过新颖的设计（这些设计在以前是不可能的）探索了增材制造在获得新的商业机会方面的潜力，并将改变整个供应链，但目前仍有一些障碍阻碍了增材制造更广泛地应用。其中最关键的障碍之一是增材制造部件的合格率，许多制造商和用户没有足够信心保证增材制造部件的性能一致性和可靠性，尤其是在不同的打印机上和不同地区。

事实的确如此，许多人认为质量保证（quality assurance，QA）是增材制造的最大问题，这是一个多方面的挑战，包括生产的规模和类型两方面。工程师可能需要重新审视整个鉴定认证过程。认证程序也应重新评估，以适应增材制造零件。

为了在更广泛的范围内应用增材制造，大多数组织需要一个可持续和可行的方法来认证零件。打印机和材料制造商试图根据其制造出的部件质量来分级，然而，对于"高质量"却缺乏一个普遍接受的定义。现在，标准组织，如美国材料与试验协会（ASTM）和国际标准化组织（ISO）正在合作开发增材制造标准。

增材制造所面临的一些挑战是缺乏对材料、软件、可持续性和可靠性的支持，增材制造产品也缺乏标准化。

1. 材料

在增材制造中未烧结/未熔化的金属粉末可以进行筛分处理并回收重新利用。然而，不属于设计对象的液体聚合物，在每一个工艺结束后都会被丢弃，这是增材制造的材料浪费的一个挑战。制造增材制造使用的初始材料需要耗费

大量的成本和能源，因此应该尽可能地在任何时候回收利用。目前，各种具有不同材料特性的聚合物树脂很容易获得，但有一些，如 SLA 中使用的 UV 树脂，仍然是有毒的，这就给它们的使用带来了安全问题。另外，并不是所有的金属都可以进行增材制造。由于制造过程中的高温度梯度和快速凝固，缺乏成形性的材料将出现裂纹，金属的成分应加以调整，以承受较大的温度波动。材料的研究和开发是增材制造技术中最好的投资机会之一。增材制造中使用的材料的成本也明显高于传统工艺中的，比如注射成形的尼龙成本约 8 美元，而增材制造使用同样数量的尼龙却需要约 80 美元。

2. 软件

计算机辅助设计（CAD）在增材制造中通常用于辅助创建、修改、分析和优化设计。然而，基本的 CAD 软件通常不足以设计增材制造中需要的复杂对象。目前的 CAD 系统主要是基于传统的制造技术而设计的，简单的圆和直线就足够了，因此，它们在处理增材制造中的复杂设计的能力有限，特别是在仿生学等领域。除了设计能力上有限，CAD 系统的界面通常并不友好，并且熟练使用需要大量的训练和经验。因此，为了充分发挥增材制造技术的优势，必须从这两个方面加以完善，才能推动增材制造技术达到更高的水平。

3. 可持续发展

尽管增材制造技术能够支持小规模的定制化生产，减少材料浪费，但与传统制造相比，其节能的规模效应仍然不足。工业制造商受竞争驱使提高效率，从而减少碳排放。有了增材制造小规模甚至单个产品的能力，效率可以进一步提高，因为无须生产大量备用库存。同时，增材制造技术还可采用平行生产的方式提高效率。制造业应将原材料的提取、生产、制造细节等流程整合起来，以提高效率。增材制造技术也支持可持续发展，其中一个例子是应用于航空航天的轻型结构，这样就可以减少能源消耗，节省燃料。

4. 可靠性

一般来说，由于工艺中存在固有的不一致性，增材制造产品与传统制造的同类产品相比缺乏可靠性和重复性。例如，层与层之间粉末颗粒的排列和大小必然存在差异。因此，扫描线之间的尺寸在熔池的不同位置是不同的，像这样的随机差异会累积并降低增材制造产品的可重复能力。又如，激光束照射粉末床的瞬间和激光束以恒定速度扫描时，粉末所承受的反冲压力和能量存在差异，这会导致熔池在不同扫描线上的几何差异，同时随着成形的进行而累积误差。此外，增材制造零件往往有随机的不良表面。熔池在液-气交界处表面张力不等，导致其表面球状化和不均匀。在制造过程中，熔融材料的流动性也很难控制，造成零件表面粗糙度大，还使得零件可重复制造的难度提高。此外，材料一层一层地添加还会导致在零件的表面凹凸不平。因此，建立标准是必要和重要的，以保证企业和制造商的增材制造过程确实安全可靠。ASTM 技术委员会 F42 和 ISO/TC 261 技术委员会在开发增材制造标准方面取得了进展。

1.7　法律义务、合法性和责任

随着增材制造设备越来越受欢迎，成本效益越来越高，消费者和制造商之间的关系可能不再符合产品责任法的基本原则。此外，还有知识产权保护的问题。现在，任何人都可以对产品进行 3D 扫描，并通过增材制造技术进行复制。还有最终产品如何达到其预期的目的也是一个有争议的话题。

1.7.1　法律义务

在过去的几十年里，增材制造设备的使用量显著增加。尽管增材制造设备展示了生产复杂精密零件的能力，但与之相关的产品义务是不可避免的。增材制造生产的产品可能会因为各种各样的原因而出现缺陷，例如，CAD 文件损坏、设备出错、材料或工艺参数不正确、文件格式缺陷、设置机器时的人为失误、数字化设计时的人为失误，等等。鉴于增材制造技术的易用性和广泛适用性，任何能够对系统进行操作的人都可以成为增材制造生产者。考虑到增材制造的这种能力，任何人都有可能销售增材产品，于是就会产生相关影响。当代产品责任法保护消费者免受制造商、零售商、经销商、供应商和其他对缺陷产品负责的人的伤害[117-118]。如果发现有损消费者权益的证据，消费者可以向生产经营者索赔。

然而，随着增材制造设备的大量出现，寻求商业打印中心打印所需零件的一般公众如被侵权将可能难以索赔。以下例子说明了产品责任法为何不适用于这样的打印中心。一名学生去增材制造中心生产一种特定的组件，CAD 文件来源于网络，该学生在使用该打印部件时受伤，他决定起诉打印中心以补偿他的损失。在这种情况下，根据严格责任原则，学生可能无法成功起诉打印中心以追回他的损失。严格责任适用于卖方从事生产和销售产品的商业活动，在这种情况下，打印服务中心为学生提供服务，而不销售打印产品。因此，打印中心对学生的损失不负责任。受害者最多可能会辩称，增材制造中心没有正确维护他们的机器，从而导致打印出的零件出现故障，使人受伤。然而，学生必须证明打印中心没有维护好他们的机器。因此，随着增材制造领域的增加和供应链的缩短，产品的责任归属常常受到质疑。制造商应该意识到与增材制造领域相关的责任及其原因和后果，并构建保护措施来防止负面影响。

1.7.2　合法性

合法性是增材制造领域中备受关注的问题之一。增材制造是一种颠覆性技术，经常在知识产权、产品责任、监管和许多其他领域引发争议[119-120]。增材制造技术不仅能让普通民众生产复杂的形状和设计，特别是，通过该技术还能对任何现有产品进行再创造，并可能在未经原创者许可的情况下出售。随着增材制造技术的普及，知识产权保护成为一个主要问题。例如，如果服务中心有增材制造设备，那么他们可以自己打印零件，而无须从供应商那里订购，如此可以缩短零件的等待时间，从长远来看可以节省成本，但这也引发了专利保护、商标、版权侵权等问题。因此，当前的知识产权保护体系必须随着增材制造技术的发展而完善。知识产权保护机制应兼顾对象的物理和数字表达，以减轻假冒产品的影响。音乐行业曾经面临过类似的知识产权保护问题，增材制造业可以从他们的历史中吸取教训，设计和实施技术解决方案，以确保开发者的知识产权得到保护。

1.7.3　责任

在 2009 年一项与 FDM 相关的专利到期后，台式增材制造设备的普及性直线上升。学生和增材制造爱好者可以买得起台式增材制造设备，自行设计及制作增材制造零件，供个人使用或商业用途，这就使学生或业余爱好者既是消费者也是制造商。在这种情况下，用户必须接受增材制造零件并承担相应责任。例如，一个旧螺钉从桌子上掉了下来，却找不到新的，考虑到市场上这种螺钉已经过时，打印一个新的会更方便。而如果新打印的螺钉断了导致桌子倒塌，应该由谁负责？于是，还可能会出现许多相关的问题。例如，一开始选择的材料是否正确？CAD 文件是否出错？虽然很容易下载开源 CAD 文件，但从设计的角度来看，它仍有许多不确定性。例如，文件是否安全可靠，设计是否侵权？在使用增材制造设备时，用户应自愿承担相关风险，并拥有打印产品的所有权。

1.8　问　　题

（1）增材制造技术是什么？

（2）与传统制造方法相比，增材制造技术的优势和不足有哪些？

（3）增材制造技术使用的主要材料有哪些？

（4）增材制造技术在工业中的主要应用有哪些？

（5）增材制造技术当前面临哪些挑战，解决这些挑战有什么意义？

参 考 文 献

[1] C. K. Chua, K. F. Leong. 3D printing and additive manufacturing: principles and applications, 5th ed. , World Scientific Publishing Company, (2017).

[2] C. K. Chua, M. V. Matham, Y. J. Kim. Lasers in 3D printing and manufacturing, World Scientific Publishing Company, Singapore, (2017).

[3] C. K. Chua, W. Y. Yeong. Bioprinting: principles and applications, World Scientific Publishing Company, Singapore, (2014).

[4] J.-Y. Lee, W. S. Tan, J. An, et al. The potential to enhance membrane module design with 3D printing technology, J. Membr. Sci. 499 (2016) 480-490.

[5] A. T. Sutton, C. S. Kriewall, M. C. Leu, et al. Powder characterisation techniques and effects of powder characteristics on part properties in powder-bed fusion processes, Virtual Phys. Prototype. 11 (2016) 1-27.

[6] W. Wu, S. B. T or, C. K. Chua, et al. Investigation on processing of ASTM A131 Eh36 high tensile strength steel using selective laser melting, Virtual Phys. Prototyp. 10 (2015) 187-193.

[7] C. Y. Yap, C. K. Chua, Z. L. Dong. An effective analytical model of selective laser melting, Virtual Phys. Prototype. 11 (2016) 21-26.

[8] Y. Yang, P. Wu, X. Lin, et al. System development, formability quality and microstructure evolution of selective laser - melted magnesium, Virtual Phys. Prototype. 11 (2016) 173-181.

[9] K. K. Wong, J. Y. Ho, K. C. Leong, et al. Fabrication of heat sinks by Selective Laser Melting for convective heat transfer applications, Virtual Phys. Prototype. 11 (2016) 159-165.

[10] R. Li, Y. Shi, Z. Wang, et al. Densification behavior of gas and water atomized 316L stainless steel powder during selective laser melting, Appl. Surf. Sci. 256 (2010) 4350-4356.

[11] Z. H. Liu, C. K. Chua, K. F. Leong, et al. A preliminary investigation on selective laser melting of M2 high speed steel, in: 5th International Conference on Advanced Research in Virtual and Rapid Prototyping, Leiria, Portugal, 2011, pp. 339-346.

[12] M. Badrossamay, T. Childs. Further studies in selective laser melting of stainless and tool steel powders, Int. J. Mach. Tools Manufacture 47 (2007) 779-784.

[13] F. Abe, K. Osakada, M. Shiomi, et al. The manufacturing of hard tools from metallic powders by selective laser melting, J. Mater. Proc. Technol. 111 (2001) 210-213.

[14] R. Li, J. Liu, Y. Shi, et al. 316L stainless steel with gradient porosity fabricated by selective laser melting, J. Mater. Eng. Perform. 19 (2010) 666-671.

[15] P. Mercelis, J.-P. Kruth. Residual stresses in selective laser sintering and selective laser melting, Rapid Prototype. J. 12 (2006) 254-265.

[16] Y. F. Shen, D. D. Gu, P. Wu. Development of porous 316L stainless steel with controllable micro-cellular features using selective laser melting, Mater. Sci. Technology. 24 (2008) 1501-1505.

[17] M. Wong, S. Tsopanos, C. J. Sutcliffe, et al. Selective laser melting of heat transfer devices, Rapid Prototype. J. 13 (2007) 291-297.

[18] A. Gusarov, I. Y adroitsev, P. Bertrand, et al. Heat transfer modelling and stability analysis of selective laser melting, Appl. Surf. Sci. 254 (2007) 975-979.

[19] E. Yasa, J. Deckers, J.-P. Kruth, et al. Charpy impact testing of metallic selective laser melting parts, Virtual Phys. Prototype. 5 (2010) 89-98.

[20] K. Osakada, M. Shiomi. Flexible manufacturing of metallic products by selective laser melting of powder, Int. J. Machine Tools Manufacture 46 (2006) 1188-1193.

[21] A. B. Spierings, G. Levy. Comparison of density of stainless steel 316L parts produced with selective laser melting using different powder grades, Ann. Int. Solid Freeform Fabric. Symp. (2009) 342-353.

[22] A. B. Spierings, N. Herres, G. Levy. Influence of the particle size distribution on surface quality and mechanical properties in AM steel parts, Rapid Prototype. J. 17 (2011) 195-202.

[23] T. Childs, C. Hauser, M. Badrossamay. Selective laser sintering (melting) of stainless and tool steel powders: experiments and modelling, Proc. Institut. Mech. Eng. Part B J. Eng. Manufacture 219 (2005) 339-357.

[24] T. Childs, C. Hauser, M. Badrossamay. Mapping and modelling single scan track formation in direct metal selective laser melting, CIRP Annal. Manufacturing Technology. 53 (2004) 191-194.

[25] K. Zeng, D. Pal, B. Stucker. A review of thermal analysis methods in Laser Sinteringand Selective Laser Melting, in: Solid Freeform Fabrication Symposium, Austin, TX, USA, 2012, p. 796.

[26] K. Guan, Z. W ang, M. Gao, et al. Effects of processing parameters on tensile properties of selective laser melted 304 stainless steel, Materials Design 50 (2013) 581-586.

[27] M. Fateri, A. Gebhardt, M. Khosravi, Numerical Investigation of selective laser meltingprocess for 904L stainless steel, ASME 2012 Int. Mech. Eng. Congress Exposition 3 (2012) 119-124.

[28] I. Yadroitsev, P. Bertrand, B. Laget, I. Smurov, Application of laser assisted technologies for fabrication of functionally graded coatings and objects for the International Thermonuclear Experimental Reactor components, J. Nucl. Mater. 362 (2007) 189-196.

[29] Z. H. Liu, D. Q. Zhang, C. K. Chua, K. F. Leong, Crystal structure analysis of M2 high-

speed steel parts produced by selective laser melting, Mater. Character. 84 (2013) 72–80.

［30］K. A. Mumtaz, N. Hopkinson. Selective laser melting of thin wall parts using pulseshaping, J. Mater. Process. Technology. 210 (2010) 279–287.

［31］I. Y adroitsev, A. Gusarov, I. Y adroitsava, et al. Single track formation in selectivelaser melting of metal powders, J. Mater. Process. Technology. 210 (2010) 1624–1631.

［32］C. S. Wright, M. Y ouseffi, S. P. Akhtar, et al. Selective lasermelting of prealloyed high alloy steel powder beds, Mater. Sci. Forum 514–516 (2006) 516–523.

［33］J. Milovanovic, M. Stojkovic, M. Trajanovic. Metal laser sintering for rapid tooling inapplication to tyre tread pattern mould, J. Sci. Ind. Res. 68 (2009) 1038.

［34］S. L. Campanelli, N. Contuzzi, A. D. Ludovico. Manufacturing of 18 Ni marage 300steel samples by selective laser melting, Adv. Mater. Res. 83 (2010) 850–857.

［35］M. Badrossamay, E. Y asa, J. V an V aerenbergh, et al. Improving productivity ratein SLM of commercial steel powders, presented at the SME Rapid, Schaumburg, IL, USA, 2009.

［36］E. Y asa, K. Kempen, J. –P. Kruth, et al. Microstructure and mechanical properties of Maraging Steel 300 after selective laser melting, in: 21st Annual International Solid Freeform Fabrication (SFF) Symposium, University of T exas, Austin, TX, USA 2010, p. 383.

［37］L. Thijs, J. V an Humbeeck, K. Kempen, et al. Investigation on the inclusions in maraging steel produced by Selective Laser Melting, in: 5th International Conference on Advanced Research in Virtual and Rapid Prototyping, Leiria, Portugal, 2011, p. 297.

［38］K. Kempen, E. Y asa, L. Thijs, et al. Microstructure and mechanical properties of selective laser melted 18Ni–300 steel, Phys Procedia 12 (2011) 255–263.

［39］C. Casavola, S. Campanelli, C. Pappalettere. Preliminary investigation on distribution of residual stress generated by the selective laser melting process, J. Strain Anal. Eng. Design 44 (2009) 93–104.

［40］L. E. Murr, E. Martinez, J. Hernandez, et al. Micro–structures and properties of 17–4 PH stainless steel fabricated by selective laser melting, J. Mater. Res. Technology. 1 (2012) 167–177.

［41］M. Averyanova, E. Cicala, P. Bertrand, et al. Optimization of selective laser melting technology using design of experiments method, in: 5th International Conference on Advanced Research in Virtual and Rapid Prototyping, Leiria, Portugal, 2011, p. 459.

［42］H. K. Rafi, T. L. Starr, B. E. Stucker. A comparison of the tensile, fatigue, and fracture behavior of Ti–6Al–4V and 15–5 PH stainless steel parts made by selective laser melting, Int. J. Adv. Manufacturing Technology. 69 (2013) 1299–1309.

［43］P. Jerrard, L. Hao, K. Evans. Experimental investigation into selective laser melting of austenitic and martensitic stainless steel powder mixtures, Proc. Institut. Mech. Eng. Part B J. Eng. Manufacture 223 (2009) 1409–1416.

20

［44］ B. D. Joo, J. -H. Jang, J. -H. Lee, et al. Selective laser melting of Fe−Ni−Cr layer on AI-SI H13 tool steel, Transact. Nonferrous Metals Soc. China 19（2009）921−924.

［45］ B. Sustarsic, S. Dolinsek, M. Jenko, et al. Microstructure and mechanical characteristics of DMLS tool−inserts, Mater. Manufactur Process. 24（2009）837−841.

［46］ B. Song, S. Dong, P. Coddet, et al. Fabrication and micro−structure characterization of selective laser−melted FeAl intermetallic parts, Surf. Coat. Technology. 206（2012）4704−4709.

［47］ B. Song, S. Dong, H. Liao, et al. Manufacture of Fe−Al cube part with a sandwich structure by selective laser melting directly from mechanically mixed Fe and Al powders, Int. J. Adv. Manufactur. Technology. 69（2013）1323−1330.

［48］ J. C. Walker, K. M. Berggreen, A. R. Jones, et al. Fabrication of Fe−Cr−Al oxide dispersion strengthened PM2000 alloy using selective laser melting, Adv. Eng. Mater. 11（2009）541−546.

［49］ A. Amanov, S. Sasaki, I. -S. Cho, et al. An investigation of the tribological and nano−scratch behaviors of Fe−Ni−Cr alloy sintered by direct metal laser sintering, Mater. Design 47（2013）386−394.

［50］ A. Fukuda, M. Takemoto, T. Saito, et al. Osteo−induction of porous Ti implants with a channel structure fabricated by selective laser melting, Acta Biomater. 7（2011）2327−2336.

［51］ D. Cu, Y. C. Hagedorn, W. Meiners, et al. Densification behavior, microstructure evolution, and wear performance of selective laser melting processed commercially pure titanium, Acta Mater. 60（2012）3849−3860.

［52］ B. Zhang, H. Liao, C. Coddet. Selective laser melting commercially pure Ti under vacuum, Vacuum 95（2013）25−29.

［53］ H. Attar, M. Bönisch, M. Calin, et al. Selective laser melting of in situ titanium−titanium boride composites: processing, microstructure and mechanical properties, Acta Mater 76（2014）13−22.

［54］ K. H. Low, K. F. Leong, C. N. Sun. Review of selective laser melting process parameters for commercially pure titanium and Ti−6Al−4V, in: 6th International Conference on Advanced Research in Virtual and Rapid Prototyping, Leiria, Portugal 2013, p. 71.

［55］ F. Abe, E. C. Santos, Y. Kitamura, et al. Influence of forming conditions on the titanium model in rapid prototyping with the selective laser melting process, Proc. Institut. Mech. Eng. Part C J. Mech. Eng. Sci. 217（2003）119−126.

［56］ E. Santos, K. Osakada, M. Shiomi, et al. Microstructure and mechanical properties of pure titanium models fabricated by selective laser melting, Proc. Institut. Mech. Eng. Part C J. Mech. Eng. Sci. 218（2004）711−719.

［57］ E. Santos, K. Osakada, M. Shiomi, et al. Fabrication of titanium dental implants by selective laser melting, in: Fifth International Symposium on Laser Precision Microfabrication, Nara, Japan 2004, pp. 268–273.

[58] A. Barbas, A.-S. Bonnet, P. Lipinski, et al. Development and mechanical characterization of porous titanium bone substitutes, J. Mech. Behavior Biomed. Mater. 9 (2012) 34–44.

[59] M. Simonelli, Y. Y. Tse, C. Tuck. Effect of the build orientation on the mechanical properties and fracture modes of SLM Ti–6Al–4V, Mater. Sci. Eng. A 616 (2014) 1–11.

[60] B. Vrancken, L. Thijs, J.-P. Kruth, et al. Heat treatment of Ti–6Al–4V produced by Selective Laser Melting: Microstructure and mechanical properties, J. Alloys Comp. 541 (2012) 177–185.

[61] B. Song, S. Dong, B. Zhang, et al. Effects of processing parameters on microstructure and mechanical property of selective laser melted Ti–6Al–4V, Mater. Design 35 (2012) 120–125.

[62] B. V andenbroucke, J.-P. Kruth. Selective laser melting of biocompatible metals for rapid manufacturing of medical parts, Rapid Prototype. J. 13 (2007) 196–203.

[63] T. Marcu, M. T odea, I. Gligor, et al. Effect of surface conditioning on the flowability of Ti6Al7Nb powder for selective laser melting applications, Appl. Surf. Sci. 258 (2012) 3276–3282.

[64] E. Chlebus, B. Kuźnicka, T. Kurzynowski, et al. Microstructure and mechanical behaviour of Ti–6Al–7Nb alloy produced by selective laser melting, Mater. Character. 62 (2011) 488–495.

[65] T. Sercombe, N. Jones, R. Day, et al. Heat treatment of Ti–6Al–7Nb components produced by selective laser melting, Rapid Prototype. J. 14 (2008) 300–304.

[66] L. C. Zhang, D. Klemm, J. Eckert, et al. Manufacture by selective laser melting and mechanical behavior of a biomedical Ti–24Nb–4Zr–8Sn alloy, Scripta Mater. 65 (2011) 21–24.

[67] A. Zieliński, S. Sobieszczyk, W. Serbiński, et al. Materials design for the titanium scaffold based implant, Solid State Phenom. 183 (2012) 225–232.

[68] M. Speirs, J. V. Humbeeck, J. Schrooten, et al. The effect of pore geometry on the mechanical properties of selective laser melted Ti–13Nb–13Zr scaffolds, Procedia CIRP 5 (2013) 79–82.

[69] K. Kempen, L. Thijs, J. Van Humbeeck, et al. Mechanical properties of AlSi10Mg produced by selective laser melting, Phys. Procedia 39 (2012) 439–446.

[70] K. Mumtaz, N. Hopkinson. Top surface and side roughness of Inconel 625 parts processed using selective laser melting, Rapid Prototype. J. 15 (2009) 96–103.

[71] C. Paul, S. Mishra, C. Premsingh, et al. Studies on laser rapid manufacturing of cross–thin–walled porous structures of Inconel 625, Int. J. Adv. Manufact. Technology. 61 (2012) 757–770.

［72］ I. Yadroitsev, L. Thivillon, P. Bertrand, et al. Strategy of manufacturing components with designed internal structure by selective laser melting of metallic powder, Appl. Surf. Sci. 254 (2007) 980-983.

［73］ K. Amato, S. Gaytan, L. Murr, et al. Micro-structures and mechanical behavior of Inconel 718 fabricated by selective laser melting, Acta Mater. 60 (2012) 2229-2239.

［74］ Z. Wang, K. Guan, M. Gao, et al. The microstructure and mechanical properties of deposited-IN718 by selective laser melting, J. Alloys Comp. 513 (2012) 518-523.

［75］ F. Wang. Mechanical property study on rapid additive layer manufacture Hastelloy ® Xalloy by selective laser melting technology, Int. J. Adv. Manufact. Technology. 58 (2012) 545-551.

［76］ F. Wang, X. H. Wu, D. Clark. On direct laser deposited Hastelloy X: dimension, surface finish, microstructure and mechanical properties, Mater. Sci. Technology. 27 (2011) 344-356.

［77］ D. T omus, T. Jarvis, X. Wu, et al. Controlling the micro-structure of Hastelloy-X components manufactured by selective laser melting, Phys. Procedia 41 (2013) 823-827.

［78］ T. Vilaro, C. Colin, J. -D. Bartout, et al. Microstructural and mechanical approaches of the selective laser melting process applied to a nickel-base superalloy, Mater. Sci. Eng. 534 (2012) 446-451.

［79］ E. O. Olakanmi. Selective laser sintering/melting (SLS/SLM) of pure Al, Al-Mg, and Al-Si powders: Effect of processing conditions and powder properties, J. Mater. Process. Technology. 213 (2013) 1387-1405.

［80］ E. Brandl, U. Heckenberger, V. Holzinger, et al. Additive manufactured Al-Si10Mg samples using Selective Laser Melting (SLM): Microstructure, high cycle fatigue, and fracture behavior, Mater. Design 34 (2012) 159-169.

［81］ E. Louvis, P. Fox, C. J. Sutcliffe. Selective laser melting of aluminium components, J. Mater. Process. Technology. 211 (2011) 275-284.

［82］ K. Kempen, L. Thijs, E. Y asa, et al. Process optimization and microstructural analysis for selective laser melting of AlSi10Mg, in: Solid Freeform Fabrication Symposium, Austin, TX, USA 2011.

［83］ L. E. Loh, Z. H. Liu, D. Q. Zhang, et al. Selective laser melting of aluminium alloy using a uniform beam profile, Virtual Phys. Prototype. 9 (2014) 11-16.

［84］ L. Thijs, K. Kempen, J. -P. Kruth, et al. Fine-structured aluminium products with controllable texture by selective laser melting of pre-alloyed AlSi10Mg powder, Acta Mater. 61 (2013) 1809-1819.

［85］ F. Calignano, D. Manfredi, E. Ambrosio, et al. Influence of process parameters on surface roughness of aluminum parts produced by DMLS, Int. J. Adv. Manufacture. Technology. 67 (2013) 2743-2751.

［86］D. Buchbinder, H. Schleifenbaum, S. Heidrich, et al. High power selective laser melting (HP SLM) of aluminum parts, Phys. Procedia 12 (2011) 271-278.

［87］M. Ameli, B. Agnew, P. S. Leung, et al. A novel method for manufacturing sintered aluminium heat pipes (SAHP), Appl. Thermal Eng. 52 (2013) 498-504.

［88］K. G. Prashanth, S. Scudino, H. J. Klauss, et al. Micro-structure and mechanical properties of Al-12Si produced by selective laser melting: Effect of heat treatment, Mater. Sci. Eng. A 590 (2014) 153-160.

［89］X. J. Wang, L. C. Zhang, M. H. Fang, et al. The effect of atmosphere on the structure and properties of a selective laser melted Al-12Si alloy, Mater. Sci. Eng. 597 (2014) 370-375.

［90］Y. Tang, H. T. Loh, Y. S. Wong, et al. Direct laser sintering of a copper-based alloy for creating three-dimensional metal parts, J. Mater. Process. Technology. 140 (2003) 368-372.

［91］Z. H. Liu, D. Q. Zhang, S. L. Sing, et al. Interfacial characterisation of SLM parts in multi material processing: metallurgical diffusion between 316L stainless steel and C18400 copper alloy, Mater. Character. 94 (2014) 116-125.

［92］D. Q. Zhang, Z. H. Liu, C. K. Chua. Investigation on forming process of copper alloys via selective laser melting, in: Proceedings of the 6th International Conference on Advanced Research in Virtual and Rapid Prototyping, Leiria, Portugal, 2013, p. 285.

［93］R. Li, Y. Shi, J. Liu, et al. Selective laser melting W-10 wt. % Cu composite powders, Int. J. Adv. Manufactur. Technology. 48 (2010) 597-605.

［94］D. Zhang, Q. Cai, J. Liu, et al. Research on process and microstructure formation of W - Ni-Fe alloy fabricated by selective laser melting, J. Mater. Eng. Perform. 20 (2011) 1049-1054.

［95］M. M. Savalani, C. C. Ng, H. C. Man. Selective laser melting of magnesium for future applications in medicine, " in: 2010 International Conference on Manufacturing Automation, Hong Kong, 2010, pp. 50-54.

［96］M. Giesekel, C. Noelkel, S. Kaierlel, et al. Selective laser melting of magnesium and magnesium alloys, in: N. Hort, S. N. Mathaudhu, N. R. Neelameg - gham, M. Alderman (Eds.), Magnesium Technologyogy 2013, pp. 65-68.

［97］B. Zhang, H. Liao, C. Coddet. Effects of processing parameters on properties of selective laser melting Mg-9% Al powder mixture, Mater. Design 34 (2012) 753-758.

［98］L. Wu, H. Zhu, X. Gai, et al. Evaluation of the mechanical properties and porcelain bond strength of cobalt-chromium dental alloy fabricated by selective laser melting, J. Prosthetic Dentist. 111 (2014) 51-55.

［99］X. -z. Xin, J. Chen, N. Xiang, et al. Surface properties and corrosion behavior of Co-Cr alloy fabricated with selective laser melting technique, Cell Biochem. Biophys. 67 (2013)

983-990.

[100] D. Zhang, Q. Cai, J. Liu. Formation of nanocrystalline tungsten by selective laser melting of tungsten powder, Mater. Manufactur. Process. 27 (2012) 1267-1270.

[101] K. Deprez, S. Vandenberghe, K. Van Audenhaege, et al. Rapid additive manufacturing of MR compatible multipinhole collimators with selective laser melting of tungsten powder, Med. Phys. 40 (2013) 012501.

[102] D. Q. Zhang, Q. Z. Cai, J. H. Liu, et al. Select laser melting of W-Ni-Fe powders: simulation and experimental study, Int. J. Adv. Manufactur. Technology. 51 (2010) 649-658.

[103] M. Khan, P. Dickens. Selective laser melting (SLM) of gold (Au), Rapid Prototype. J. 18 (2012) 81-94.

[104] J. Jhabvala, E. Boillat, T. Antignac, et al. On the effect of scanning strategies in the selective laser melting process, Virtual Phys. Prototype. 5 (2010) 99-109.

[105] J. J. Brandner, E. Hansjosten, E. Anurjew, et al. Microstructure devices generation by selective laser melting, in: Lasers and Applications in Science and Engineering, Bellingham, WA, USA, 2007.

[106] I. Shishkovsky, I. Yadroitsev, P. Bertrand, et al. Alumina-zirconium ceramics synthesis by selective laser sintering/melting, Appl. Surf. Sci. 254 (2007) 966-970.

[107] H. Yves-Christian, W. Jan, M. Wilhelm, et al. Net shaped high performance oxide ceramic parts by selective laser melting, Phys. Procedia 5 (2010) 587-594.

[108] J. Wilkes, Y. C. Hagedorn, W. Meiners, et al. Additive manufacturing of $ZrO_2 - Al_2O_3$ ceramic components by selective laser melting, Rapid Prototype. J. 19 (2013) 51-57.

[109] P. Regenfuss, A. Streek, F. Ullmann, et al. Laser microsintering of ceramic materials, part 1, Interceram 56 (2007) 420-422.

[110] X. H. Wang, J. Y. H. Fuh, Y. S. Wong, et al. Laser sintering of silica sand-mechanism and application to sand casting mould, Int. J. Adv. Manufactur. Technology. 21 (2003) 1015-1020.

[111] F. H. Liu. Synthesis of bioceramic scaffolds for bone tissue engineering by rapid prototyping technique, J. Sol-Gel Sci. Technology. 64 (2012) 704-710.

[112] C. Y. Yap, C. K. Chua, Z. Dong, et al. Single track and single layer melting of silica by Selective Laser Melting, in: 6th International Conference on Advanced Research in Virtual and Rapid Prototyping, Leiria, Portugal, 2013, p. 261.

[113] P. Regenfuss, A. Streek, F. Ullmann, et al. Laser microsintering of ceramic materials, part 2, Interceram 57 (2008) 6-9.

[114] J. Wilkes, K. Wissenbach. Rapid manufacturing of ceramic components for medical and technical applications via selective laser melting, Proceedings of Euro-uRapid, 2006, A4/1.

[115] G. Manob. Processing and characterization of lithium aluminosilicate glass parts fabricated by selective laser melting, Master of Engineering, Department of Mechanical Engineering, National University of Singapore, Singapore, 2004.

[116] G. Manob, L. Lu, J. Y. H. Fuh, et al. Selective laser melting of Li_2O. Al_2O_3. SiO_2 (LAS) glass powders, Mater. Sci. Forum 437−438 (2003) 249−252.

[117] A. Harris. The effects of in−home 3D printing on product liability law, J. Sci. Policy Gov. 6 (2015) http://www. sciencepolicyjournal. org/uploads/5/4/3/4/5434385/harris_new_tal_1.2. 2015_lb_mg. pdf.

[118] M. M. Eckstein, A. T. Brown. 3D printing and its uncertain products liability landscape (2016). Available from: http://www. industryweek. com/emerging − technologies/3d − printing−and−its− uncertain−products−liability−landscape.

[119] M. M. Eckstein. 3D printing raises new legal questions (2016). Available from: http://www. industryweek. com/intellectual−property/3d−printing−raises−new−legal−questions

[120] Y. Lakhdar. (2016, 26/12/2016). Additive manufacturing and intellectual property protection: an overview. Available: https://www. linkedin. com/pulse/additive − manufacturing − intellectual−property−yazid−lakhdar.

第 2 章　增材制造标准路线图

2.1　增材制造标准介绍

标准是由国际标准化组织（ISO）、美国材料与试验协会（ASTM）、德国标准化协会（DIN）等标准组织与相关行业合作伙伴共同制定、验证和认证技术及安全要求的正式文件[1]。标准通过对产品或市场表现的可信验证，满足了不同行业（如消费、贸易和工业部门）不断增长的需求[2]。在增材制造的背景下，人们普遍认为增材制造标准的缺乏导致了增材制造系统在工业过程中的应用缓慢[3]。

尽管对于传统的制造实践（铸造、挤压、机加工、注塑等）有广泛的标准，但由于一些因素，它们不适合增材制造技术应用。在增材制造过程中，零件是逐层制造的[4]，这会导致整个零件表现出宏观的各向异性。增材制造的部件与锻造部件相比，具有不同的微观组织和力学性能[5]。同样，没有任何后处理的增材制造零件的表面粗糙度比机加工或锻造零件大[6]。此外，增材制造工艺还影响零件的微观组织、力学性能和精加工。例如，SLM 制造的金属部件具有不同于 EBM 制造的类似金属部件的特性[7]。如果没有适当的标准，就不可能对不同的增材制造流程进行适当的比较。

因此，标准化对增材制造行业具有重要意义。标准的缺乏导致增材制造技术的应用缓慢，特别是在航空航天、医疗、汽车等需要认证的行业。目前，全世界的标准机构都在解决这一问题，例如，与行业合作伙伴密切合作开发和维护一套增材制造通用标准的 ASTM。

2.2　标准化的重要性

增材制造行业具有一个快速发展的市场，自 1987 年 3D 系统推出第一台商用增材制造机器 SLA-1 以来，其市场增长率很高[8]。Wohlers Report 2016 年报告显示，增材制造行业在过去 27 年中的复合年增长率为 26.2%[9]。据报道，自 2013 年以来，其在航空航天部门增长了约 4.3%，学术机构和政府/军队等部门中的规模也越来越大（图 2.1 所示为使用增材制造技术的各个行业）。工业、消费品、电子、汽车、航空航天和医疗等行业显示，增材制造技术的采用率不断提高。这种应用的增长是由于增材制造在生产零件的功能和较高周转率方面的能力。与传统的快速成形（rapid prototyping，RP）相比，客户能够以更低的成本通过增材制造技术更快地获得原型件。

增材制造技术的引入将减少空间消耗和处理时间。复杂的零件可以用较少的工序和较高的周转率制造。然而，尽管有可能更快地生产这些部件，但在某些应用中，需要认证以确保增材制造部件兼容、可靠和安全使用。英特尔（Intel）前首席执行官克雷格·巴雷特（Craig Barrett）举例说明了标准为何重要。他提到，一部中国出品的电影必须能够传送到美国的播放器上播放；同样，一部美国出品的电影也必须能够在中国播放[1]，这只能通过标准化来实现。因此，增材制造系统必须遵循标准，以确保整个行业的可靠性和兼容性。

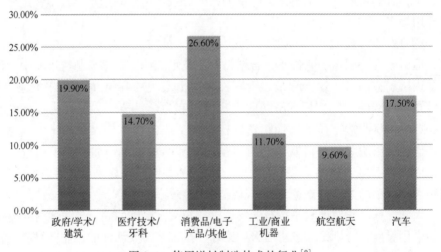

图 2.1　使用增材制造技术的行业[9]

高技术、高附加值和竞争性行业，如航空航天和医疗行业，需求复杂、高性能和精密零件[3]。增材制造零件不仅需要经过适当的认证才能引入其部件和系统，还必须符合传统机械加工零件的性能标准。严格监管的行业，如航空航天和医疗行业已开发内部测试，以作为评估其增材制造组件的性能水平的保障。然而，在没有基本标准的情况下，确保增材制造零件"适合使用"并满足机械和尺寸要求以及具体的质量保证和测试方法是很有挑战性的。

增材制造公司进行了大量的测试，以向客户提供信息和材料数据表。增材制造公司开发自己的测试以满足客户的需求，但由于适用性有限，并非所有测试都参考了可用的标准。未参考任何标准的测试将不会有任何形式的认证来验证增材制造部件是否通过了质量和性能测试。因此，增材制造标准的缺失是增材制造完全融入行业之前需要克服的障碍。

增材制造标准的发展缓慢，因为它受到预算和时间限制的影响[10]。增材制造技术已有 30 年的历史[8]，但到目前为止，存在的行业标准是一直被增材制造行业广泛使用和接受的公司的成果。例如，大多数增材制造设备的标准文件格式是 STL，它是由 3D Systems 公司[11]开发的。由于当时还没有明确的标准，STL 作为增材制造系统的规范已有 20 多年的历史。已开发的其他文件格式有 STEP、IGL、IGES 等[12]。这些文件格式各有优缺点，但并不是所有的增材制造设备都能处理它们[13]。为了使文件格式标准化，便于使用，ISO 和 ASTM 建立了一个新的标准，即 ISO/ASTM 52915-13[14]，以取代陈旧的 STL 文件格式。

由于标准是在自愿的基础上制定的，因此标准的更新非常耗时。标准组织（ISO、ASTM、DIN 等）已经开始从行业最佳实践中开发新的标准。J. Munguia 进行的一项调查中发现，约 50% 的参与者认为现行标准（ISO、ASTM、DIN 等）不适用，37% 的参与者将现行标准部分应用于他们的工作[12]。

2.3　标准委员会成立的历史

在引入增材制造标准之前，行业使用的是通过测试和试验开发的增材制造过程的事实标准和最佳实践。制造工程师协会成立了快速成型协会，以帮助不断增长的增材制造行业[15]。ASTM 于 1999 年成立了一个分技术委员会 E28.16，为增材制造部件的机械试验制定新的标准[16]。E28.16 是第一个评估增材制造部件性能的分委员会。然而，在这段时间内，没有官方机构承担起为增材制造行业开发和制定标准的任务。

F42 委员会由 ASTM 于 2009 年成立，是增材制造[17]的第一个官方标准机构。该委员会每年召开两次会议，制定并发布美国材料与试验协会标准年鉴第 10.04 卷增材制造行业的标准。下一个委员会是由 ISO 于 2011 年在 ISO/TC 261 下成立的，其工作范围是增材制造基础层面的标准化[18]。在欧洲，CEN/TC 438 于 2015 年建立，以满足欧盟标准的需要[19]。

目前，F42 委员会有 400 多名成员，代表 23 个不同国家。委员会制定并批准了表 2.1 中列出的 13 项标准，其中两项是与 ISO/TC 261[20]共同制定的。

委员会又分为 8 个分技术委员会 (TC), 负责制定增材制造不同方面的标准。分委员会如下。

表 2.1 ASTM 和 ISO 制定的增材制造技术标准[21]

分委员会	发布的标准
F42.04 设计	ISO/ASTM 52915—16《增材制造文件格式 (AMF) 标准规范 (1.2 版)》
F42.05 材料和工艺	F2924—14《粉末床熔融增材制造 Ti-6Al-4V 标准规范》 F3001—14《粉末床熔融增材制造 Ti-6Al-4V ELI (超低间隙) 标准规范》 F3049—14《增材制造工艺用金属粉末性能表征标准指南》 F3055—14a《粉末床熔融增材制造镍基合金 (UNS N07718) 标准规范》 F3056—14e1《粉末床熔融增材制造镍基合金 (UNS N06625) 标准规范》 F3091/F3091M—14《塑料材料粉末床熔融标准规范》 F3184—16《粉末熔融增材制造不锈钢合金 (UNS S31603) 标准规范》 F3187—16《金属定向能量沉积标准指南》
F42.91 术语	ISO/ASTM 52900—15《增材制造—通则—术语》
F42.01 试验方法	F2971—13《增材制造备试样数据报告标准惯例》 F3122—14《用增材制造工艺制造的金属材料力学性能评估标准指南》 ISO/ASTM 52921—13《增材制造标准术语—坐标系和测试方法》

(1) F42.01 试验方法;

(2) F42.04 设计;

(3) F42.05 材料和工艺;

(4) F42.90 管理;

(5) F42.91 术语;

(6) F42.94 战略规划;

(7) F42.95 ISO/TC 261 的美国对口机构。

ASTM 也有一份正在开发中的工作项目清单, 如表 2.2 所示。

表 2.2 ASTM 增材制造工作项目清单[21]

分委员会	工作项目
F42.01 试验方法	WK56649《在增材制造零件中人工植入缺陷的标准惯例/指南》 WK49229《金属增材制造的方向和位置对力学性能的影响》 WK55297《增材制造—通则—增材制造的标准试验件》 WK55610《增材制造用粉末流动性的表征》
F42.04 设计	WK38342《增材制造设计新指南》 WK48549《AMF 支持实体建模的新规范: 体元信息、构建实体几何表达和实体表面结构》 WK51841《增材制造设计原则》

续表

分 委 员 会	工 作 项 目
F42.05 材料和工艺	WK51282《增材制造—通则—增材制造零件的采购要求》 WK51329《粉末床熔融增材制造 Co28Cr6Mo 合金（UNS R30075）新规范》 WK37654《金属定向能量沉积新指南》 WK48732《粉末熔融增材制造不锈钢（UNS S31603）新规范》 WK53423《AlSi1Mg 粉末床熔融增材制造》 WK53425《金属粉末床熔融零件的后期热处理》 WK53878《增材制造—塑料增材制造的材料挤出成形—第 1 部分：原材料》 WK53879《增材制造—塑料增材制造的材料挤出成形—第 2 部分：工艺设备》 WK53880《增材制造—塑料增材制造的材料挤出成形：最终零件规范》

新工作项目是新标准或委员会正在制定的现有标准的修订版[17]。它们由ASTM 出版，供利益相关方提供建议，即使它们不是委员会委员。值得注意的是，这些标准是活跃的文档，它会随着评审的需要而变化，以体现增材制造社区中发生的任何变化。

ISO/TC 261 由 ISO 于 2011 年建立，由 20 个 P 成员国和 5 个 O 成员国组成。他们共有 16 个分委员会，包括 4 个技术分委员会（工作组），专注于增材制造标准的制定[18]。4 个工作组如下：

（1）ISO/TC 261/WG 1 术语；

（2）ISO/TC 261/WG 2 方法、工艺和材料；

（3）ISO/TC 261/WG 3 测试方法；

（4）ISO/TC 261/WG 4 数据和设计。

4 个工作组下设 9 个联合小组（JG）和 1 个特设小组（AH），成员来自ISO/TC 261 和 ASTM F42。9 个联合小组和特设小组分为不同的工作组，如图 2.2 所示。

在委员会的领导下，共发布了 5 项 ISO 标准（表 2.3）。其中两个标准是ISO 和 ASTM 在合作伙伴标准开发组织（PSDO）协议下合作开发的。

表 2.3　ISO/TC 261 秘书处及其分技术委员会（SC）直接负责
的标准和项目[23]

发布的标准
ISO 17296—2：2015《增材制造—总则—第 2 部分：工艺类别和原料概述》 ISO 17296—3：2014《增材制造—总则—第 3 部分：主要特性和相应的试验方法》 ISO 17296—4：2014《增材制造—总则—第 4 部分：数据处理概述》 ISO/ASTM 52915—16《增材制造文件格式（AMF）标准规范（1.2 版）》 ISO/ASTM 52921—13《增材制造标准术语—坐标系和试验方法》 ISO/ASTM 52900—15《增材制造—通则—术语》

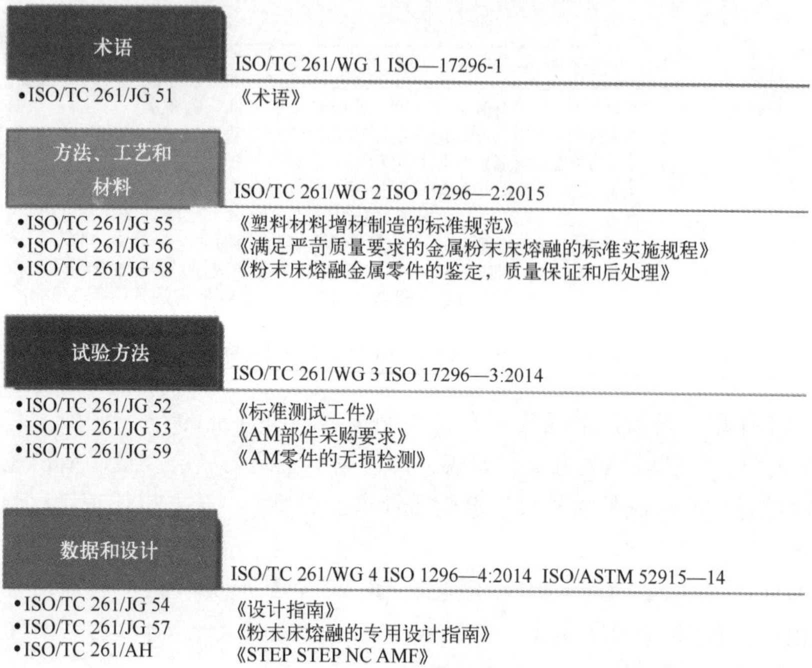

术语	ISO/TC 261/WG 1 ISO—17296-1
• ISO/TC 261/JG 51	《术语》

方法、工艺和材料	ISO/TC 261/WG 2 ISO 17296—2:2015
• ISO/TC 261/JG 55	《塑料材料增材制造的标准规范》
• ISO/TC 261/JG 56	《满足严苛质量要求的金属粉末床熔融的标准实施规程》
• ISO/TC 261/JG 58	《粉末床熔融金属零件的鉴定，质量保证和后处理》

试验方法	ISO/TC 261/WG 3 ISO 17296—3:2014
• ISO/TC 261/JG 52	《标准测试工件》
• ISO/TC 261/JG 53	《AM部件采购要求》
• ISO/TC 261/JG 59	《AM零件的无损检测》

数据和设计	ISO/TC 261/WG 4 ISO 1296—4:2014 ISO/ASTM 52915—14
• ISO/TC 261/JG 54	《设计指南》
• ISO/TC 261/JG 57	《粉末床熔融的专用设计指南》
• ISO/TC 261/AH	《STEP STEP NC AMF》

图 2.2　ISO/TC 261 的结构[22]

在欧洲，欧洲标准化委员会（CEN）CEN/TC 438 的成立是为了解决由于增材制造技术在该行业的快速发展而对增材制造标准的需求。该委员会于 2015 年根据增材制造标准化支持行动（SASAM）的调查结果成立，其工作范围是提供一整套欧盟标准，并采用与 ISO/TC 261 达成的维也纳协议，以保持一致性[24]。CEN/TC 438 的主要目标[19]如下。

（1）尽可能为国际标准化工作提供一套完整的工艺、测试程序、质量参数、供货协议、基本原理和词汇的欧洲标准。其目的是应用于 ISO/TC 261 "增材制造"（DIN）的维也纳协议，以确保一致性和协调性。

（2）加强欧洲研究计划与增材制造标准化之间的联系。

（3）通过集中欧洲标准化计划，确保增材制造欧洲标准化的可见性。

截至 2015 年，CEN/TC 438 尚未发布任何标准。相反，他们选择采用 ISO 标准在欧盟使用。来自欧盟不同国家的国家标准机构（AFNOR、航空工业运输协会（AITA）等）已经建立了镜像委员会，参考 CEN/TC 438 和 ISO/TC 261 中的增材制造标准。

中国、日本、韩国和新加坡的国家和国际协会也建立了类似的镜像委员会，与 ISO/TC 261 一致[3]。ISO、ASTM 和其他标准化机构组织了各种世界性的会议，为增材制造行业按照路线图开发标准进行标准制定的承担任务的约定。

2.4　美国材料与试验协会、国际标准化组织和全球联合委员会的工作计划和路线

增材制造的发展路线图已经制定了近 20 年。最早的路线图是由美国能源部（DOE）于 1994 年制定的，重点放在 3 个先进快速制造领域，其中一个是 RP（或增材制造）[25]。1997 年，美国国家标准与技术研究院（NIST）通过一个有关增材制造问题的研讨会与业界接触。研讨会名为"快速成形中的测量和标准问题"，针对 RP 社区的具体计量问题和标准需求，将在第 3 章中进一步讨论。第二年，美国国家制造科学中心（NCMS）聚焦于在 1994 年制定的路线图的基础上建立一个增材制造的路线图。尽管做出了努力，标准开发并不是路线图的主要重点。取而代之的是，更多的努力放在推动增材制造技术实现产业化。

10 年后，美国国家科学基金会（NSF）和 NAVAL Search 办公室主办了一个研讨会，为增材制造制定了一个新的路线图。这一路线图将重点从工业转移到研究机构和高校。研讨会强调需要制定和采用国际公认的标准[25]。因此，更多的焦点放在了标准上，随后几年的工作计划和研讨会由标准组织主办，目的是在建立增材制造标准的路线图。

增材制造的标准是在任何形式的合作之前由其所属的标准机构独立开发的。然而，来自不同机构的独立工作导致了标准的重复。为了纠正这种情况，在 PSDO 协议的管辖下，ASTM 和 ISO/TC 261 达成了一项合作协议，共同开发增材制造的国际标准。2011 年 9 月，在印度新德里召开的 ISO 理事会会议上，ASTM 主席詹姆斯·托马斯和 ISO 秘书长 Rob Steele 批准了 PSDO 协议[26-27]。PSDO 协议[28]包括以下内容：

（1）快速跟踪 ASTM 国际的标准作为 ISO 国际标准最终草案的采用过程；

（2）ASTM 国际正式采用已发布的 ISO 标准；

（3）维护已发布的标准；

（4）出版、版权和商业上的安排。

该协议允许两个组织采用并共同开发增材制造标准，以供国际使用。同时，PSDO 协议通过消除重复标准、优化人力资源、减少标准开发的停顿期以及提高增材制造行业的出版率来最大限度地利用资源[29]。根据 PSDO 协议，前两个批准的标准是 ISO/ASTM 52921—13 和 ISO/ASTM 52915—16。有了

PSDO 协议，它将引导全球统一的标准[28]成形。

2013 年，美国材料与试验协会（ASTM）和国际标准化组织（ISO）举行了两次规划会议。第一次规划会议在费城（美国），后一次在诺丁汉（英国）[30]。两次会议都有来自 ASTM F42 和 ISO/TC 261 的成员参加，讨论增材制造标准的制定[20]。会议的结果是制订增材制造标准的联合计划，将定期审查和更新。

联合计划的目标如下：

（1）将来自 ISO/TC 261 和 ASTM F42 的增材制造行业专家聚集在一起；

（2）确定增材制造行业共同的专用标准需求；

（3）协调标准路线图，形成 ISO/TC 261 和 ASTM F42 共同关注的联合路线图；

（4）确定两个小组如何最好地合作；

（5）确定专用增材制造标准的优先级。

ASTM F42 和 ISO/TC 261 委员会都会审查现有的标准、路线图文件和建议，以协调他们的利益。标准按主要类别划分，以实现一个便于参考的通用的框架。批准的框架包括 3 个层次，具体如下。

（1）通用标准：规定通用概念、通用要求或广泛用于大多数增材制造材料、工艺和应用的标准。

（2）分类标准：规定特定材料类别或工艺类别的要求的标准。

（3）专用标准：规定特定材料、工艺或应用的要求的标准。

图 2.3 所示为公认的增材制造标准的通用结构。

欧盟在 2014 年表达了他们对增材制造标准制定的兴趣。在欧盟委员会的资助下，SASAM 开始协调和整合欧盟的标准化活动，以加速增材制造工业流程的发展[31]。SASAM 是一个为期 18 个月的项目，旨在为增材制造技术的标准化创建一个路线图，解决行业的当前需求，并为长期发展做好准备[32]。ISO/TC 261、ASTM F42 和 CEN/TC 438 合作并编制了一份路线图报告，以协助制定工业应用的工业标准，并促进增材制造行业的创新。

路线图由 3 个主要任务构成，具体如下：

（1）从其他相关路线图和本行业最重要的发展中收集和评估信息；

（2）转换信息收集的结果和结论，并将其与增材制造利益相关方和需求调查相匹配；

（3）收集反馈，最终确定并发布为增材制造技术服务的标准化路线图。

SASAM 项目还通过一项调查对欧洲增材制造标准利益相关者的投入进行了调查，调查共 102 名来自工业界、研究机构和政府机构的响应者[31]。

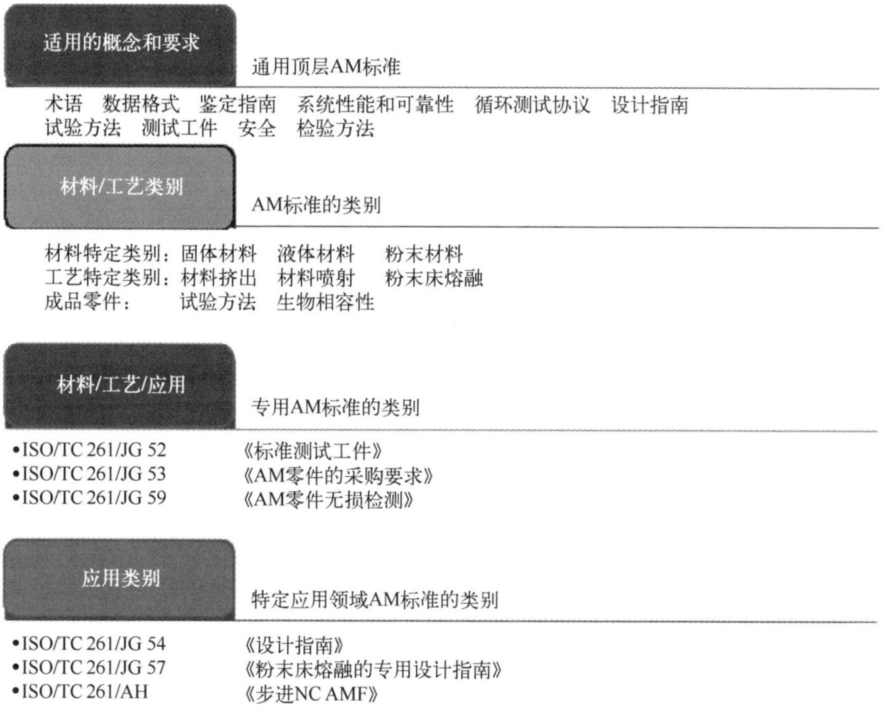

适用的概念和要求

通用顶层AM标准

术语　数据格式　鉴定指南　系统性能和可靠性　循环测试协议　设计指南
试验方法　测试工件　安全　检验方法

材料/工艺类别

AM标准的类别

材料特定类别：固体材料　液体材料　粉末材料
工艺特定类别：材料挤出　材料喷射　粉末床熔融
成品零件：　　试验方法　生物相容性

材料/工艺/应用

专用AM标准的类别

- ISO/TC 261/JG 52　《标准测试工件》
- ISO/TC 261/JG 53　《AM零件的采购要求》
- ISO/TC 261/JG 59　《AM零件无损检测》

应用类别

特定应用领域AM标准的类别

- ISO/TC 261/JG 54　《设计指南》
- ISO/TC 261/JG 57　《粉末床熔融的专用设计指南》
- ISO/TC 261/AH　　《步进NC AMF》

图 2.3　增材制造标准的框架（由 ASTM 和 ISO 提供）[20]

调查结果包括如下内容：

（1）大多数参与者都在使用标准；

（2）迫切需要增材制造标准；

（3）增材制造标准将在全球和国际上被接受是非常重要的；

（4）客户（增材制造零件的最终用户）的要求是使用标准的主要驱动因素；也是产生增材制造标准的主要驱动因素；

（5）增材制造标准化的优先主题是材料、工艺/方法和试验方法；

（6）随着标准的发展和应用，机器和工艺的可靠性有望提高；

（7）标准需求最常见的论据是质量或鉴定（系统鉴定、材料质量、零件质量和质量控制）；

（8）市场机会直接关系到未来的标准。

SASAM 强调了欧盟利益相关者在制定增材制造标准方面的需求。这项标准化活动将使欧盟增材制造行业迅速扩展到现有增材制造业务（航空航天和医疗）和新的行业。在评估现有文件以及 ASTM F42 和 ISO/TC 261 之间的联合工作计划后，根据以下原则起草了关键协议[32-33]：

（1）将在全世界范围内使用的一套增材制造标准；

（2）增材制造标准的通用路线图和组织结构；

（3）使用并提升现有标准，必要时结合增材制造技术进行修改；

（4）ISO/TC 261 和 ASTM F42 应在同一方向上协同工作，以提高效率和有效性。

各方达成共识，遵循 SASAM 起草的指导方针。图 2.4 所示为 SASAM 在 2015 年发布的类似路线图。

TRL	目　　标	时　　间
无	提高生活质量应用领域的认证	2014—2018 年
无	节能应用领域的认证	2016—2020 年
无	通用机械应用领域	2018—2022 年
TRL	生产力/其他	时　　间
5-6	后处理	2016—2018 年
7-9	过程监控	2016—2018 年
5-6	点阵结构	2018—2022 年
5-6	材料特性数据库	2015—2019 年
TRL	材　　料	时　　间
5-6	1 级 Ti	2014—2016 年
5-6	钴铬合金	2017—2019 年
1-4	铝	2018—2020 年
5-6	钛铝合金	2015—2017 年
5-6	工具钢	2018—2020 年
7-9	TiAl64[①]	2016—2018 年
5-6	Inconel 625 和 718 合金	2016—2017 年
5-6	不锈钢	2018—2020 年
1-4	黄金和青铜	2021—2022 年
7-9	PA12	2015—2017 年
1-4	ABS	2016—2018 年
7-9	PA11	2019—2022 年
5-6	MED610	2018—2020 年
5-6	类橡胶	2018—2020 年
5-6	Peek	2020—2022 年

TRL	材　　　料	时　　间
7-9	PA 阻燃剂	2016—2018 年
1-4	陶瓷氧化铝	2019—2022 年
	工艺稳定性/产品质量	
1-4	疲劳试验	2015—2017 年
1-4	蠕变	2019—2021 年
7-9	几何公差	2014—2015 年
5-6	弯曲强度	2016—2018 年
5-6	剪切强度	2020—2022 年
5-6	冲击强度	2017—2019 年
7-9	表面结构	2020—2022 年
7-9	抗拉强度	2014—2016 年
7-9	裂纹扩展	2018—2019 年
7-9	老化	2020—2022 年
7-9	尺寸、长度和角度尺寸公差	2014—2016 年
5-6	压缩性能	2018—2020 年
7-9	硬度	2018—2020 年
7-9	外观	2021—2022 年

① 译者注：TiAl64 对应国内 TC4。

图 2.4　增材制造标准化路线图[33]

2.5　增材制造标准的优先领域

在评估了增材制造社区准备的文件之后，SASAM 起草了一些增材制造标准的优先领域清单。根据 ASTM F42 和 ISO/TC 261 开发的通用路线图框架，正在进行的工作的标准化分为以下 5 个优先领域[33]：

（1）集成用标准；

（2）环境可持续性标准；

（3）质量和性能标准；

（4）服务标准；

（5）"化解风险的"标准。

两份需要注意的高度优先事项清单是根据 SASAM 的反馈意见起草的。第一份清单包括与增材制造领域相关并准备用于增材制造中的现有标准的入口。第二个清单包括在 SASAM 研讨会期间通过对 122 名受访者的调查而确定的感兴趣领域。

SASAM 项目确定了在增材制造领域可采用和需要进一步研发的现有 ISO 标准清单[33]。

(1) ISO/TC 61《塑料》。

(2) ISO/TC 106《牙科学》。

① TC 106/SC 1《填充和修复材料》；

② TC 106/SC 2《修复材料》；

③ TC 106/SC 3《术语》；

④ TC 106/SC 4《牙科器械》；

⑤ TC 106/SC 6《牙科设备》；

⑥ TC 106/SC 7《口腔护理产品》；

⑦ TC 106/SC 8《牙种植体》；

⑧ TC 106/SC 9《牙科 CAD/CAM 系统》。

(3) ISO/TC 119《粉末冶金》。

(4) ISO/TC 172/SC 9《电光系统》。

(5) ISO/TC 184/SC 4《工业数据》。

(6) CEN/TC 121《焊接及相关工艺》（增材制造部分包含在委员会范围内）。

(7) CEN/TC 138《无损检测》。

第二个主题和优先事项列表是从调查中收集的信息[33]。优先事项分为 3 个主要主题：产品质量、材料（金属、聚合物和陶瓷）和其他主题。从列表中，优先级较高的主题如下。

(1) 产品质量标准。

① 尺寸、长度和角度尺寸、尺寸公差标准；

② 几何公差；

③ 抗拉强度；

④ 冲击强度；

⑤ 抗弯强度；

⑥ 疲劳试验。

(2) 材料标准。

① Co-Cr（牙科、骨科）；

② TA-6V（航空维修）；

③ 1 级 Ti（医学）;

④ Ti-Al（航空）;

⑤ Inconel 625（航空）;

⑥ Inconel 718（航空）;

⑦ PA12（医疗、汽车、航空、军事）;

⑧ PA 阻燃剂（航空）;

⑨ PA11（SLS）;

⑩ ABS（FDM）;

⑪ 其他标准：后处理；监控过程；点阵结构零件清理建议/标准。

增材制造社区和标准机构将调查增材制造采用的优先领域、主题和标准
列表。

2.6　增材制造标准汇总

（1）ASTM 增材制造标准：

- ASTM F2924—14《粉末床熔融增材制造 Ti-6Al-4V 标准规范》;

- ASTM F3001—14《粉末床熔融增材制造 Ti-6Al-4V-ELI（超低间隙）
  标准规范》;

- ASTM F3049—14《增材制造工艺用金属粉末特性表征标准指南》;

- ASTM F3055—14a《粉末床熔融增材制造镍基合金（UNS N07718）标
  准规范》;

- ASTM F3056—14e1《粉末床熔融增材制造镍基合金（UNS N06625）标
  准规范》;

- ASTM F3091/F3091M—14《塑料材料粉末床熔融标准规范》;

- ASTM F3184—16《粉末床熔融增材制造不锈钢合金（UNS S31603）标
  准规范》;

- ASTM F3187—16《金属定向能量沉积标准指南》;

- ASTM F2971—13《增材制造制备试样数据报告的标准惯例》;

- ASTM F3122—14《用增材制造工艺制造的金属材料力学性能评估标准
  指南》。

（2）ISO/ASTM 增材制造标准：

- ISO/ASTM 52900—15《增材制造—通则—术语》;

- ISO/ASTM 52915—16《增材制造文件格式（AMF）标准规范（1.2 版)》;

- ISO/ASTM 52921—13《增材制造标准术语坐标系和试验方法》。

（3）ISO 增材制造标准：

- ISO 17296—2:2015《增材制造—总则—第 2 部分：工艺类别和原料概述》；
- ISO 17296—3:2014《增材制造—总则—第 3 部分：主要特性和相应的试验方法》；
- ISO 17296—4:2014《增材制造—总则—第 4 部分：数据处理概述》。

2.6.1　ASTM 增材制造标准

1. ASTM F2924—14《粉末床熔融增材制造 Ti-6Al-4V 标准规范》

本规范涉及了采用粉末床熔融制造的 Ti-6Al-4V AM 制件。制件要求的力学性能与机械锻造和型材相似。本规范还包括适用于原材料的粉末分类、试验方法、术语等的相关标准，以及最终产品的所有要求性能的试验。为了达到最终尺寸和表面粗糙度，需要通过机加工、抛光、研磨等方式进行后处理[34]。

2. ASTM F3001—14《粉末床熔融增材制造 Ti-6Al-4V-ELI（超低间隙）标准规范》

本规范涉及了采用粉末床熔融制造的 Ti-6Al-4V-ELI AM 制件。制件要求的力学性能与机械锻造和型材相似。本规范还包括适用于原材料的粉末分类、试验方法、术语等相关标准，以及最终产品的所有要求性能的试验。为了达到最终尺寸和表面粗糙度，需要通过机加工、抛光、研磨等方式进行后处理[35]。

3. ASTM F3049—14《增材制造工艺用金属粉末特性表征标准指南》

本指南提供了用于增材制造工艺中的金属粉末特性的用户技术。本指南参考了其他标准，以确定增材制造金属粉末的试验方法、规程、指南等。增材制造原料粉末用于各种增材制造工艺（粉末喷射、SLS、EBM、SLM 等）。需要了解这些粉末的特性，以获得具有一致的可靠性和重复性的产品。该指南可供生产、使用或销售增材制造过程用金属粉末的利益相关者参考。本指南在一定程度上也适用于聚合物或陶瓷复合粉末[36]。

4. ASTM F3055—14a《粉末床熔融增材制造镍基合金（UNS N07718）标准规范》

本规范涉及由粉末床熔融增材制造的 UNS N07718 AM 制件。制件要求的力学性能与机械锻造和型材相似。本规范还包括适用于原材料的粉末分类、试验方法、术语等相关标准，以及最终产品的所有要求性能的试验。为了达到最终尺寸和表面粗糙度，需要通过机械加工、抛光、研磨等方式进行后处理[37]。

5. ASTM F3056—14e1《粉末床熔融增材制造镍基合金（UNS N06625）标准规范》

本规范涉及了由粉末床熔融制造的 UNS N06625 AM 制件。制件要求的力学性能与机械锻造和型材相似。本规范还包括适用于原材料的粉末分类、试验方法、术语等相关标准，以及最终产品的所有要求性能的试验。为了达到最终尺寸和表面粗糙度，需要通过机加工、抛光、研磨等方式进行后处理[38]。

6. ASTM F3091/F3091M—14《塑料材料粉末床熔融标准规范》

本规范涉及了通过粉末床熔融工艺制造的任何塑料制件的要求和制件完整性，包括未填充的配方和填料、功能性添加剂（如阻燃剂）和增强材料或其组合的配方。不包括不需要使用粉末的工艺（SLA、FDM、LOM 等）。粉末床熔融工艺可参考 ASTM F2792。本规范还包括塑料粉末中添加剂、填料和增强材料的使用[35]。

出于可追溯性目的，增材制造的塑料制件分为 3 类：Ⅰ类、Ⅱ类和Ⅲ类。

在所有类中，Ⅰ类组件的要求最高。作为Ⅰ类生产的零件具有最高质量的部件，可通过生产的文档进行追踪。在试验中，Ⅰ类部件应通过认证。

与Ⅰ类制件相比，Ⅱ类制件要求更少的可追溯性。与Ⅰ类制件不同，Ⅱ类制件是高质量制件，不需要非常详细的可追溯性。Ⅱ类制件应通过认证。

Ⅲ类制件是参考性使用且要求最低限度的可追溯性。除非另有规定，否则不需要试样。Ⅲ类制件通常用于一般用途和早期快速成形。本规范还描述了Ⅰ、Ⅱ和Ⅲ类（如需要）试验用试样的制造。

7. ASTM F3184—16《粉末床熔融增材制造不锈钢合金（UNS S31603）标准规范》

本标准涉及了基于全熔粉末的粉末床熔融工艺制造的 UNS S31603 制件。本标准将规定产品的力学性能要求必须与机械锻造和型材产品相似。产品还必须通过后处理满足所需的表面粗糙度和关键尺寸[39]。

8. ASTM F3187—16《金属定向能量沉积标准指南》

本指南帮助用户优化、利用定向能量沉积（DED）技术进行增材。它涉及技术应用空间、工艺限制、机器操作、工艺文件、最佳工作实践等。DED 被定义为一个当材料沉积到表面上的同时用能量将其熔化的增材制造过程。有许多 DED 系统，包括激光束、电子束或等离子体能量。DED 工艺的原料可以是金属丝或粉末，它们是在惰性气体条件下沉积的[39]。

9. ASTM F2971—13《增材制造试样制备数据报告标准惯例》

为了确保数据库的通用性，需要一种通用的数据报告格式，以便通过增材制造样本的测试或评估来报告结果。本惯例描述了一种用于两个目的标准的数据呈送程序。第一个目的是建立进一步的数据报告要求，第二个目的是为材料属性数据库的设计提供必要的信息[40]。

惯例要求用户做到以下工作。

（1）了解报告所需的最小数据元素；

（2）标准化试样、说明和报告；

（3）协助设计师建立一个通用的标准增材制造数据库；

（4）提高增材制造材料的可追溯性；

（5）通过从增材制造样本中获取的特性参数和性能数据进行建模和计算模拟。

10. ASTM F3122—14《增材制造工艺制造的金属零件力学性能评定标准指南》

本指南参考了增材制造金属制件测试的现有标准（如适用）。

影响增材制造金属部件性能的因素有材料特性、各向异性、材料制备、孔隙率、试样制备、试验环境、试样对准和夹持、试验速度和温度。本指南不包括增材制造的任何安全相关问题，用户应负责在使用前根据监管要求制定安全和健康惯例[38]。

该指南包括 ASTM 在变形和疲劳试验领域用于材料试验的一系列试验方法。

在"变形特性"下有拉伸、压缩、承载、弯曲、模量、硬度。

疲劳性能下有疲劳、断裂韧性、裂纹扩展。

报告指南应遵守适用于每个测试程序的标准。由于增材制造中金属粉末的制造性质，试验样件会体现出各向异性。这些记录的数据应根据 ISO/ASTM 52921 进行报告。

2.6.2 ISO/ASTM 增材制造标准

1. ISO/ASTM 52900—15《增材制造标准术语—通则—术语》

本标准建立并定义了增材制造中使用的术语。目前，增材制造工艺有 7 种不同的分类。[41]

（1）立体光固化；

（2）材料喷射；

（3）黏结剂喷射；

（4）材料挤出；

（5）粉末床熔融；

（6）薄材叠层；

（7）定向能量沉积。

2. ISO/ASTM 52915—16《增材制造文件格式（AMF）标准规范（1.2版)》

本规范描述了一个用来解决增材制造的当前和未来需求的交换格式的框

架。STL 是事实上的标准格式，它只包含网格信息，没有其他规定来提供其他有用的数据，如颜色、纹理、材质和其他属性。随着增材制造的发展，STL 将无法支持信息数据库，因此本标准规范旨在建立一种新的格式来取代 STL，并满足增材制造不断增长的支持更新功能的需求。

新的文件格式将遵循可扩展标记语言（XML），并且必须能够支持符合标准的互操作性。文件格式必须以一种能让所有机器充分发挥其零件制造能力的通用的方式描述一个对象。

AMF 文件格式还必须易于实现和修改，内容复杂性和零件尺寸影响文件大小，文件的读写操作应有一个合理的持续时间。

3. ISO/ASTM 52921—13《增材制造标准术语—坐标系和试验方法》

本标准描述了用于测量增材制造样品的必要术语，以及构建平台上的参照系[14]。本标准旨在尽可能符合 ISO 841，并有助于澄清适用于增材制造的具体原则。本标准不包括非笛卡儿系统。该标准还引用了成形体积原点、零件在 *xyz* 坐标系中的旋转以及最小周长包围盒的示例，以供用户参考。

2.6.3　ISO 增材制造标准

1. ISO 17296—2：2015《增材制造—总则—第 2 部分：工艺类别和原料概述》

ISO 17296 第 2 部分描述了增材制造机器的一般过程和工作原理[42]。增材制造过程中使用了许多不同的术语，当用户想知道特定机器背后的工作原理时，这会造成混淆。ISO 标准将零件质量基于认证、测试和可追溯性分为 3 类，将工艺链分为两类，即单工序和多工序。这些过程又分为 7 个不同的类别：

（1）光固化；

（2）材料喷射；

（3）黏结剂喷射；

（4）粉末床熔融；

（5）材料挤出；

（6）定向能量沉积；

（7）层压。

2. ISO 17296—3：2014《增材制造—总则—第 3 部分：主要特性和相应的试验方法》

ISO 17296 第 3 部分将增材制造制件的测试要求文件化。它包括制造组件的质量特性、测试程序、范围、测试内容和供货协议[43]。

零件的特性主要分为两部分：原料和零件要求。按基材的原料要求如下：

（1）粉末粒度；

（2）形貌；

（3）表面和分布；

（4）振实和松装密度；

（5）流动性；

（6）灰分含量；

（7）碳含量。

零件要求分为 4 个主要部分：表面、几何、机械和成形材料要求，其内容具体如下：

（1）表面要求：外观、表面结构、颜色；

（2）几何要求：尺寸、长度、角度、公差、几何公差；

（3）机械要求：拉伸、冲击、压缩、弯曲和疲劳强度、硬度、蠕变、抗老化性能、摩擦系数、剪切阻力和裂纹扩展；

（4）成形材料要求：密度、物理和物理化学特性。

增材制造组件的测试主要分为 3 类，即安全关键部件、非安全关键部件和原型部件。ISO 文件包含 3 个测试要求表，即一个列出必须完成的测试，一个用于推荐的测试，最后一个用于不适用的测试。测试将以零件供应商和客户之间的协议为准。

本标准涉及了散装材料要求、试验程序和最终产品要求的全套相关标准。

3. ISO 17296—4:2014《增材制造—总则—第 4 部分：数据处理概述》

ISO 17296 第 4 部分针对增材制造系统和相关软件系统的用户。它描述了增材制造中使用的现有数据格式，并针对用户从计算机辅助设计/计算机辅助工程（CAD/CAE）的角度到逆向工程公司、测试机构以及增材制造系统和软件的生产[43]。

在这个 ISO 标准中可以找到 3D 模型构建过程中使用的术语，以及 3D 模型被多角度化和分层的过程。本 ISO 中使用的一些数据格式有 STL、VRML、IGES、VDA-FS、STEP 和 AMF。有关这些数据格式的更多信息可以从 ISO 文档中提取。

该 ISO 还规定了数据质量的要求。数据质量很重要，因为它们将决定增材制造部件是否具有高质量。为了获得高质量的物体，模型的表面必须平滑地融合和修剪，以形成一个完整的模型，并且通过软件进行定向以便于体积识别。在三角面片化过程中，不应选择任何辅助构建工具，并且在三角面片化/多边形面片化（在封闭体中创建多边形）之前，必须将所有曲面模型转换为实体体积。在 ISO 标准中也记录了 STL 数据中潜在的格式错误。

2.7　问　　题

（1）哪些组织正在制定有关增材制造技术的标准？

（2）为什么传统的制造标准不适合增材制造技术应用？

（3）浅谈标准化在增材制造工业中的重要性。

（4）谁是增材制造领域的第一个官方标准机构？

（5）增材制造标准的通用框架是什么？

（6）SASAM 标准化的目标是什么？

参 考 文 献

［1］ B. Kraemer, K. Bartleson, J. Handal. "Importance of standards for industry practitioners," in： IEEE Sections Congress, Amsterdam, 2014.

［2］ IEEE Standards Asociation. （2011, 30/12/2016）. What are standards? Why are theyimportant? Available. from：http://standardsinsight. com/ieee_company_detail/what－arestandards－why－are－they－important.

［3］ M. D. Monzón, Z. Ortega, A. Martínez, et al. Standardization in additive manufacturing： activities carried out by international organizations and projects, Int. J. Adv. Manufactur. Technol. 76 （2015） 1111－1121.

［4］ J. Y. Lee, W. S. Tan, J. An, et al. The potential to enhance membrane module design with 3D printing technology, J. Memb. Sci. 499 （2016） 480－490.

［5］ B. Dutta, F. H. Froes. 24—the additive manufacturing （AM） of titanium alloys, in： M. Q. H. Froes （Ed.）, Titanium Powder Metallurgy, Butterworth－Heinemann, Boston, 2015, pp. 447－468.

［6］ D. Shi and I. Gibson. Surface finishing of selective laser sintering parts with robot, Solid Freeform Fabric. In Proceedings of the 9th Solid Freeform Fabrication Symposium, Austin, Texas, 1997, pp. 27－35.

［7］ H. Gong, K. Rafi, H. Gu, et al. Analysis of defect generation in Ti－6Al－4V parts made using powder bed fusion additive manufacturing processes, Add. Manufactur. 1－4 （2014） 87－98.

［8］ 3D Printing Industry. （2016）. History of 3D printing. Available from： http://3dprintingindustry. com/3d-printing-basics-free-beginners-guide/history.

［9］ T. Caffrey, T. Wohlers. Wohlers report 2016, Wohlers Associates, Inc, Colorado, USA, （2016）.

［10］ S. Tranchard, V. Rojas. （2015）. Manufacturing our 3D future. Available from： http://

www. iso. org/iso/news. htm?refid=Ref1956.

[11] 3D Systems Inc. (2016). What is an STL file? Available from: https://www.3dsystems. com/quickparts/learning-center/what-is-stl-file.

[12] J. Munguía, J. d. Ciurana, C. Riba. Pursuing successful rapid manufacturing: a users' bestpractices approach, Rapid Prototyp. J. 14 (2008) 173-179.

[13] J. D. Hiller, H. Lipson. STL 2.0 A proposal for a universal multi-material additive manufacturing file format, in: Proceedings of the Solid Freeform Fabrication Symposium, In Mechanical and Aerospace Engineering, ed, 2009, pp. 266-278.

[14] ISO and ASTM, Standard terminology for additive manufacturing—coordinate systems and test methodologies, in ISO / ASTM 52921-13, Standard Terminology for Additive Manufacturing-Coordinate Systems and Test Methodologies, ASTM International, West Conshohocken, PA, 2013.

[15] Stratasys (2015). ASTM additive manufacturing standards what you need to know, Available from: https://www.stratasysdirect.com/blog/astmstandards/.

[16] K. K. Jurrens. Standards for the rapid prototyping industry, Rapid Prototyp. J. 5 (1999) 169-178.

[17] ASTM (2015). What is a work item? Available from: http://www.astm.org/DATABASE. CART/whatisaworkitem.html.

[18] ISO (2015). Technical committees—ISO/TC 261—Additive manufacturing, Available from: http://www.iso.org/iso/iso_technical_committee?commid=629086.

[19] CEN/TC 438, Business plan CEN/TC 438 additive manufacturing executive summary, European Committee for Standardization (CEN), 2015.

[20] ISO/TC 261 and ASTM F42, Joint plan for additive manufacturing standards development, ISO and ASTM International, 2013.

[21] ASTM (2015). Additive manufacturing technology standards. Available from: http://www. astm.org/Standards/additive-manufacturing-technology-standards.html.

[22] E. Pei. ISO TC 216 WG4 presentation to SMF by Dr Eujin Pei, presented at the ISO TC 261 WG 4, Singapore, 2015.

[23] ISO (2015). ISO Standards-ISO/TC 261-Additive manufacturing. Available from: http:// www.iso.org/iso/home/store/catalogue_tc/catalogue_tc_browse.htm?commid = 629086& published=on&includesc=true.

[24] ISO and CEN, Agreement on technical co-operation between ISO and CEN (Vienna Agreement), ASTM International, 1991.

[25] D. L. Bourell (2013). NIST roadmapping workshop: Roadmaps for additive manufacturing—past, present, future. Available from: http://events.energetics.com/nistadditivemfgworkshop/pdfs/Plenary_Bourell.pdf.

[26] New agreement strengthens partnership between ISO and ASTM on additive manufacturing,

ISO, 2011.

[27] ANSI ISO and ASTM to cooperate on international standards for additive manufacturing, New York, USA: ANSI, 2011.

[28] ASTM and ISO additive manufacturing committees approve joint standards under partner standards developing organization agreement, ISO, ASTM, 2013.

[29] P. Picariello. Presentation on collaboration for AM standards development, ASTM International, 2015.

[30] Additive manufacturing community to meet in Nottingham (2014). Metal Powder Report, pp. 33-36.

[31] SASAM. Final report summary—SASAM (Support Action for Standardisation in Additive Manufacturing), SASAM, 319167, 2014.

[32] F. Feenstra, K. Boivie, B. Verquin, et al. SASAM D2. 3 Final version of roadmap for AM standardisation, SASAM, 2013.

[33] SASAM. Additive manufacturing: SASAM standardisation roadmap 2015, SASAM, 2015.

[34] ASTM. Standard specification for powder bed fusion of plastic materials, in: F3091 (M)-14, ed: ASTM International, 2014.

[35] ASTM. Standard specification for additive manufacturing Titanium-6 Aluminum-4 Vanadium ELI (Extra Low Interstitial) with powder bed fusion, in: F3001-14 ASTM International, 2014.

[36] ASTM. Standard guide for characterizing properties of metal powders used for additive manufacturing processes, in: ASTM F3049-14, ASTM International, 2014.

[37] ASTM. Standard specification for additive manufacturing nickel alloy (UNS N07718) with powder bed fusion, in: ASTM F3055-14a, ASTM International, 2014.

[38] ASTM. Standard specification for additive manufaturing nickel alloy (UNS N06625) with powder bed fusion, in: ASTM F3056-14 ASTM International, 2014.

[39] ASTM. Standard specification for additive manufacturing stainless steel alloy (UNS S31603) with powder bed fusion, in: ASTM F3184-16, ASTM International, 2016.

[40] ASTM. Standard practice for reporting data for test specimens prepared by additive manufacturing, in ASTM F2971-13, ASTM International 2013.

[41] ISO and ASTM. ISO/ASTM 52900: 2015 Additive manufacturing—General principles—Terminology, ISO, ASTM International, 2015.

[42] ISO. Additive Manufacturing General Principles Part 2 Overview of process categories and feedstock, in: 17296-2-2015, ISO, 2015.

[43] ISO. Additive Manufacturing General Principles Part 3 Main characteristics and corresponding test methods, in: 17296-3-2014, ISO, 2014.

第3章　增材制造的测量科学路线图

3.1　增材制造中的测量科学导论

与传统加工相比，增材制造具有生产高价值、高品质和复杂零件的优点，同时可减少制造周期和成本，因此有望对美国经济产生重大影响[1]。2011年，美国工业仅增材制造出货量就赚了2.46亿美元[2]。尽管增材制造技术在过去几年中取得了显著进步，但由于存在许多投资这项技术的障碍，因此该技术的应用一直很缓慢。

在公司考虑投资增材制造技术之前，需要克服许多挑战。面临的挑战包括材料缺乏多样性、零件精度差、可重复性和一致性差以及缺乏鉴定和认证标准[1]。通过与学术界的讨论，美国国家标准与技术研究院（NIST）制定了应对这些挑战的行动计划和路线图，并将其分为4个主要主题[3]。目前，面临的挑战具体包含：材料不确定性；工艺不确定性；零件精度和不确定性；基于物理和属性的仿真和分析模型。

体现NIST对推进增材制造测量科学的承诺的一个例子就是向研究界提供资金支持。2013年，NIST提供了两项总金额为740万美元的赠款，用于资助有关课题和标准的项目，以促进增材制造测量科学领域的研究。在740万美元中，有500万美元拨给了国家增材制造创新研究所（NAMII，现称为American Makes），其余的则拨给了北伊利诺伊大学[4]。

NIST还积极参与增材制造论坛，以应对现阶段的挑战。他们在研讨会上提出了需要讨论的问题，并制定了路线图以填补测量科学中的这些空白[5]。NIST近年来根据先前的路线图创建了增材制造路线图，以增加增材制造测量科学在业界的应用[3]。

该路线图的目标如下：

（1）制定包括从材料设计和使用到零件制造和检查的标准和协议；

（2）开发测量和监控技术，收集包括过程控制和反馈在内的从原料到最终检查的数据；

（3）表征材料特性，这是材料开发、加工效率和可重复性、零件鉴定以及在多个级别建模的关键；

（4）创建将设计和制造相结合的建模系统，促进材料的开发以及新的加工技术；

（5）引入用于增材制造的闭环控制系统，进行实时监视和工艺纠正，这对于加工、设备性能、零件保证、符合规范以及对零件和工艺进行鉴定和认证的能力至关重要。

NIST 的出版物解决了增材制造行业的一些测量需求。NIST 希望通过制定测试协议、一系列增材制造材料测试程序和分析方法[2]，来增强行业用户采用增材制造的信心。

目前，增材制造技术主要用于快速原型制作。要将增材制造引入生产工艺，必须将使用增材制造的风险降低到任何公司的利益相关者都可以接受的水平。由于增材制造测量科学和标准仍处于起步阶段，因此 NIST 需要建立自己的测量科学能力。

3.2　测量科学面临的挑战

增材制造零件在行业中并未得到广泛使用，主要是由于缺乏成熟的测量科学和标准，进而导致缺乏认证和鉴定方法。如图 3.1 所示[6]，材料和工艺不确定性导致零件的不确定性。

图 3.1　原材料和系统的不确定性将导致最终零件的更多不确定性

用于在增材制造系统或工艺中定义使用的材料性能特性的知识很有限。与封闭平台开发的工业增材制造设备不同，消费级增材制造系统的硬件和软件通常是开源的，并且可以轻松修改。工业增材制造系统的制造商在开发过程中主要依靠经验，如硬件设计和工艺优化，这主要是由于缺乏与增材制造系统开发相关的公开成果。许多开发工业级系统的公司不愿免费分享其技术和专利，是因为达到制造业所需的精确度需要大量的研究和资金。

由于在开发过程和有限的市场中投入了大量的资金和时间，因此率先开始开发增材制造技术的公司（3D Systems、Stratasys 等）对该技术保密。因此，这种工业级系统的硬件和工艺参数很难修改。此外，这些设备通常不能使用第三方原材料，如粉末或树脂[7]。这导致通过用传感器和测量设备对现有的工业增材制造系统进行改造，形成的增材制造工艺监控系统很难来监测增材制造过程。

因此，以下主要因素使得测量科学的发展很困难。

（1）增材制造技术是相对较新的技术，需要不同学科之间的合作。不同领域的整合对于优化增材制造设备非常重要。对用于增材制造的材料的特性了解不足，因此很难生产高质量的零件。

（2）增材制造系统本质上是复杂的，优化的增材制造系统的软件和硬件都是定制的，它们交叉工作，因此对这些设备的评估具有挑战性。

（3）许多增材制造设备都是以"黑箱"方式构建的，其技术硬件对任何终端用户和工艺开发人员都是保密的。为了集成新的软件和硬件，工艺开发人员必须从早期的设备设计和开发阶段就与增材制造供应商合作，以确保对其系统进行适当的优化。

增材制造设备必须是"开源的"，以便更好地集成第三方传感器、设备和软件，以监控工艺参数并实时纠正制造工艺。使用适当的传感器和测量设备进行监测和反馈，可以保证所制造零件和增材制造工艺有更好的一致性。

3.2.1 增材制造材料和不确定性

目前，增材制造系统中使用的材料种类有限，大多数是聚合物或金属材料[8]。因为需要进行实验验证，且缺乏材料特性和材料制造方面的研究，所以开发用于增材制造的新材料非常耗时，一般的大块原材料不能作为增材制造使用的粉末材料，由于在微米尺度上，如颗粒间摩擦这种第三类力扮演了比在大块材料中更突出的角色。因此，需要对增材制造原材料和工艺都有更深入的了解，才能估计增材制造零件的性能。为了预测材料的最终性能，增材制造工艺还需要考虑一些其他因素。例如，树脂基材料的微观组织和粉末形态、固化时间、光敏性，以及 FDM 聚合物材料的长丝的稠度、组成和熔点。

目前基于粉末的增材制造系统使用的技术不足以捕获粉末特性。例如，使用霍尔效应流量计来捕获颗粒大小时，前提是颗粒为球形。若颗粒形状不规则，则可能无法准确表示尺寸[9]。由于不同材料反射和折射特性的不同，激光测量系统表征粉末的准确性也受到限制，因此，当前使用的技术往往不足以用于表征粉末特性。

增材制造使用的原材料的微观结构对于确定最终零件的性能至关重要。粉末床熔融（powder bed fusion，PBF）系统制成的大多数零件都保留了原材料的原始微观结构，无须进行任何后期处理。两个不同的研究小组进行的实验指出，在氩气和氮气环境中，原始不锈钢粉末的微观结构与增材制造系统产生的最终零件的微观结构没有差异，而粉末的微观结构仅由雾化过程确定[9]。此外，如果使用不同的工艺，没有哪两家粉末制造商能够生产出相同微观结构的粉末。了解粉末的微观结构将有助于预测其对最终零件的强度和质量的影响，因此除非对原材料进行适当的表征和认证，否则很难对增材制造所生产的零件进行鉴定。缺少任何原材料信息，都很难评估该零件的属性是否符合客户的指定要求。

研究表明，由于粉末成分不同，在增材制造过程中形成的微观结构可能发生变化[9]。但是，控制这些微观结构是困难的。烧结过程中的快速冷却也可能导致粉末层之间的黏结能力较差，从而导致构件的致密度较差[10]，这会给构件带来影响，使其收缩到允许公差以下，并产生脆化的问题。

如果对在增材制造中应用的材料没有进行适当记录，那么生产的零件必须经过破坏性测试才能确保其质量。不幸的是，增材制造的材料数据库没有足够的信息进行充分恰当的相互参照，从而导致需要昂贵且费时的迭代工作来确定增材制造工艺的正确参数。

材料数据库通过测量粒度分布、力学性能和微观结构等（尤其是针对增材制造的材料）的新技术建立基线以及用于粉末分类的认证方法。增材制造生产的零件的表面粗糙度的相关知识也缺乏。通过识别影响表面粗糙度的关键因素（如特定的工艺参数或材料属性）来表征表面粗糙度，但是目前尚不存在可以参考的将表面粗糙度与工艺/材料类型相关联的资料库。

通过增材制造生产的零件通常需要进行后处理，以实现所需的尺寸、强度和其他所需的性能。一般改善零件致密度或减少残余应力的后处理方法是热等静压（hot isostatic pressing，HIP）和热处理。尽管有充分的文献证明它们可用于处理通过常规方法制造的零件，但这些后处理方法应用于增材制造的研究不足[3]。

3.2.2　增材制造工艺和不确定性

近 10 年开发的大多数增材制造系统缺少复杂的工具和传感器来测量工艺性能。当前增材制造供应商采用的技术不足以进行任何形式的现场测量、监视和控制。除非增材制造供应商提供特定系统上的特定粉末的工艺参数，否则打印将以经验研究为基础。

大多数增材制造设备中的反馈系统是"开环"的。在这些设备中，只有在手动检测到故障时，打印过程才会停止，并且只有通过人为干预才能解决问题。换句话说，如果用户未察觉检测到的故障，那么机器将继续打印，直到零件无法恢复为止[11]。因此，重要的是要进行过程监测并进行相应的控制，当前用于增材制造过程监测和控制水平的基准很少甚至没有。

在制造期间对材料进行测量和监控对于检测增材制造零件中的缺陷（如空隙、夹杂物和高热梯度）至关重要。对缺陷进行原位检测和纠正，将节省重新生产无缺陷零件的时间和成本。但是，只有通过原位测量和监测功能才能进行缺陷检测，而大多数系统都没有此功能。

大多数商用增材制造设备都是封闭系统，在没有保证书或者制造商的支持情况下，终端用户无法在系统上安装其他传感器、高速相机和热像仪。此外，传感器并不便宜，这些传感器的集成将提高增材制造系统的生产成本。除非得到机器制造商的明确支持，否则软件集成也是一个重大挑战，特别是对于封闭系统而言。目前的增材制造软件中的算法也相对简单，它们通常不具有就地校正工艺管理功能，该功能提供自动补偿功能并可以减少零件中缺陷的可能性。

在生产过程中缺乏对应力形成的理解和控制能力也会影响最终产品。如果不进行任何监测，可能会在不知不觉中在增材制造零件的某些区域形成残余应力，从而可能导致早期故障。因此，监控异常过程的能力对于确保增材制造生产的零件的最终性能至关重要。

在制造过程中，需要传感器、测量设备和算法来测量和预测增材制造零件的以下特性：

（1）尺寸；

（2）几何形状；

（3）表面粗糙度；

（4）结构（微观结构中和中观结构）；

（5）缺陷（孔隙、缺陷、翘曲等）；

（6）能量源测量（创建熔池的能量大小）；

（7）温度范围。

任何传感器或测量设备都必须校准到误差或不确定性可接受的范围内，因为它们对于确保增材制造生产的零件质量至关重要。为了控制零件的不确定性，从原材料到制造过程、再到产品完成的整个过程，都需要进行测量，这为增材制造系统和工艺的性能提供了全面的了解[12]。

因此，开发对闭环系统至关重要的新传感器、模块和测量方法非常重要。必须使用可靠的算法对过程进行准确实时的感知、测量和主动控制，以实现零件的均匀性和一致性。这种测量和表征必须扩展到包括原材料属性以及后处理方法，以实现更准确的判断。将过程控制和反馈集成到增材制造系统中，将必然生产出更高质量的零件，并且使其性能得到更大的保证。

3.2.3　增材制造零件和不确定性

质量检验工具用于测量关键零件，如增材制造零件的尺寸公差和力学性能等。由于检验工具通常是为常规制造的零件开发的，因此它们可能不足以检查增材制造的零件的所有方面，例如内部孔隙率或复杂内部结构的测量。在这种情况下，可能需要使用昂贵的检验手段，例如超声波和 X 射线。

对于一般使用激光或电子束能量源的 PBF 系统，光束质量是决定最终零件质量的关键因素之一。通过安装适当的传感器，可以在制造过程中监测和控制激光或电子束的质量，从而确保更高的零件质量。

从光束质量的测量中，可以对增材制造系统进行评估，以确定它们的性能以及相似机型之间的差异。例如，两台设备都可以采用激光烧结，但包括不同的子部件和构造。此外，当涉及零件的精度时，用于制造相似零件的设备不一定会表现出相似的公差。每台设备都有自己的特性和行为，这将导致肉眼无法察觉的零件变化。来自同一制造商或供应商在不同产地组装的系统也可能导致所制造零件的不一致性。

3.2.4　增材制造标准

标准是由行业需求驱动的，但由于很高的预算和时间需求以及志愿者的缺乏，使得它们的发展比较缓慢。目前，与增材制造相关的标准很少，只有几项正在进行中的工作，其中大部分集中在金属粉末上[13]。

增材制造中使用的有关原材料及其制造工艺的标准有限。当前只有 PBF 工艺中使用的基于钢基合金（UNC）和 Ti-6Al-4V 粉末有相关的标准。对于其他类型的金属材料，没有任何标准。

聚合物基材料的标准非常通用，目前还没有针对增材制造使用的树脂和长丝基材料制定公开标准。聚合物粉末方面，对 PBF 粉末制定了表征标准[14]。此标准仅适用于粉末基聚合物，不适用于 FDM 中使用的丝状聚合物。显然，在增材制造原材料标准制定中存在差距。与材料加工有关的增材制造标准仅涉及了少数几种材料和工艺，而对于绝大多数可用材料和工艺则没有指导方针。

制定用于增材制造的材料标准具有挑战性，因为特定供应商配制的材料可能已获得专利或出于商业利益而对其配方保密。目前，只有一种着眼于增材制造的金属粉末表征的官方标准[15]。但是，没有针对聚合物和陶瓷的粉末表征官方标准。尽管聚合物粉末供应商通常会随包装提供材料特性（如强度和柔韧性），但是由于缺乏确定的标准测试参数，通常很难对不同来源的材料进行比较。这也阻碍了建立一个可以参考和比较粉末特性并检验任何兼容的材料的公共数据库。在不克服这些挑战的情况下，很难优化增材制造系统并生产高质量的零件[7]。

增材制造缺少的标准如下：

（1）增材制造工艺过程的测量和表征；

（2）测量试样；

（3）机器一致性；

（4）校验标准；

（5）多材料零件的表征；

（6）数据报告和数据集；

（7）工艺参数。

与很少或根本没有进行研究的利益较小的领域相比，在利益较大的领域中标准的制定速度更快。随着增材制造行业的成熟和时间的发展，标准的开发将越来越受青睐，并且有望发布更多的标准来满足行业不断变化的需求。

3.2.5 增材制造建模与仿真

为了降低制造增材制造零件的成本，通过基于物理的模拟对零件和增材制造工艺进行建模和仿真，将有助于确定在没有实体试验的情况下生产最终零件的可行性。增材制造工艺中可能出现的潜在问题（如过度变形、无支撑的悬垂结构等）可以通过仿真模拟进行预测，并在实际制造之前解决，但只有当在将参数导入到增材制造系统之前已经有可用于增材制造仿真的数据库和预测模型时才可行。

通过基于物理的模拟，无须实际制造即可预测最终零件的属性（微观结构、缺陷、表面拓扑、残余应力等）。例如，可以通过模拟对工艺进行适当的了解，从而消除由于温度控制不佳或零件的定位不当引起的零件变形。

尽管仿真软件将通过减少实证试验所需的实物打印数量来减少时间和成本，但它的效果依赖于输入到系统中的增材制造元素的算法和模型。在为仿真软件开发合适的模型之前，增材制造行业将不得不求助于试验以确定制造可行性。

3.3 测量科学的潜力

测量科学证明了在商业和工业产品中使用的零件的价值，进而提高了公司之间的竞争力。为了克服其挑战，必须建立适用的标准和技术。这些挑战由诸如 NIST 之类的联邦机构承担，由他们为增材制造开发新的测试方法、工艺和工件。通过建立通用的基准指南，增材制造测量科学的改进将促进公司之间的竞争，因而客户能够公平地比较不同的增材制造系统。这些目标可以通过材料表征、实时过程控制、过程和产品鉴定以及系统集成等领域来实现。

增材制造的材料数据库是包含一个庞大的材料特性、材料知识、工艺参数和潜在缺陷的数据库[2]。有了适当的材料数据库，就可以很方便地对比材料。只要设备能够处理特定类型的原材料，就可以轻松地将工艺参数从一台设备移植到另一台设备。

增材制造使用的材料根据形态可以分为 3 种主要类型：粉末、液态和固态，它们也可以进一步分类为金属、聚合物和陶瓷。例如，微观结构、强度和零件密度之类的属性可以相互参照和比较。成本也可以进行核算，以便用户在预算范围内选择材料。材料数据库还可以将任何原材料链接到已知供应商列表，以减少采购商所花费的时间，从而为增材制造公司带来更高的营业额。

为了获得最佳的零件质量，采用主动工艺测量和控制进行原位监测至关重要。Hu 进行了以电荷耦合器件（charge-coupled device，CCD）相机作为传感设备的试验，以优化增材制造系统中的激光熔覆工艺[16]。在该试验中，通过 CCD 摄像机对熔池进行闭环反馈监测，实现了熔池宽度的一致[16]。这使得处理后得到更均匀的微观结构和均匀分布的热残余应力[16]。封闭的反馈回路可确保可预测且一致的零件质量。例如，DMLS、SLM 和 EBM 之类的工艺将能够通过高速反馈控制实现更好的零件质量，因为在打印过程中将实时检测到任何可能的缺陷，并且算法将在下一层"校正"潜在的缺陷。

无损检测（non-destructive examination，NDE）可用于增材制造中以进行后处理测量。目前，航空航天、医疗和其他生产不适合进行破坏性测试的特殊零件的行业中使用的 NDE 技术（X 射线、超声波等）可用于增材制造中。例如，基于激光的显微镜可以用于测量表面拓扑，而坐标测量机（coordinate measuring machine，CMM）可以测量零件大小和尺寸。需要注意的是，当前的 NDE 技术可能不足以满足增材制造的需求，因此可能需要新的 NDE 技术。

建模和仿真已广泛用于常规制造中，来预测主体材料以及最终产品的性能。例如，有限元分析（finite element analysis，FEA）就是这样一种技术，它可以提供传统分析方法无法获得的零件的工程信息，如应力、应变、变形、固有频率等。增材制造中可以采用相同的方法来确定工艺和材料对最终零件的影响。

在打印之前模拟增材制造流程也将有助于检测在该组特定的工艺参数下可能出现的缺陷类型。SLM 工艺的基于物理的模拟可用于预测凝固熔池的力学性能。使用正确的基于物理的算法，可以通过使用仿真程序来模拟许多特性，如残余热应力、表面粗糙度甚至微结构。

Shiomi[17]对激光快速成形的金属粉末的熔化和固化过程进行了有限元分析。由激光束的多个脉冲引起的固化粉末的模拟重量与试验数据吻合得很好，为工艺参数提供了有用的信息。这样无须进行多次打印测试就可以确定最佳工艺参数，以实现所需的零件特性。

熔池的大小可以通过调整激光参数来控制，进而控制零件质量。安装红外摄像机后，系统将能够不断监测和校正激光参数，以保持所需的熔池几何形状。

在 Vegard Brøtan 进行的试验中，使用旨在校正 xoy 平面精度和激光位置的算法对激光烧结机进行了模拟和校正[18]。结果表明，烧结后轴的圆度总体上得到了改善，远离粉末床中心的轴尤其明显，这是众多旨在改善增材制造工艺以获得更好零件质量的实验之一。

增材制造测量科学的进步将有助于确定零件认证和鉴定的标准。尤其是在关键行业中，这是增强应用增材制造信心的关键。测量科学还可以通过闭环监测控制系统来开发更一致、更可靠的增材制造工艺。它还涉及仿真模型，并有助于更好地理解原材料特性和工艺参数，从而获得一致且可靠的打印零件。

3.4　美国国家标准与技术研究院出版的著作

美国国家标准与技术研究院（NIST）在其网站上发布了一些他们已经完成的相关成果，其中许多对增材制造行业的利益相关者都是有益的。其中，一个就是可以用来确定设备性能水平的测试工件；另一篇文章明确了针对聚合物打印件的测试方法指南[8]。

必须确定增材制造设备的性能，才能确保使用不同机器生产的零件均在规格范围内。为了解决这个问题，NIST 开发了一个测试工件模型[19-20]，该模型具有一系列大小，高度和圆度不同的功能，可以评估增材制造设备的性能。

测试工件中的一些功能[19]包括：菱形底座、阶梯和阶梯的垂直面、销钉和孔、细微特征、中心孔和圆柱体、斜坡、横向特征、顶面、外部边缘。

测试工件中的功能用于测量特定增材制造设备的一系列能力。这些功能将测试[19]：平整度和翘曲度、z 轴线性步进精度、x 轴配准和平行度、y 轴配准和平行度、圆度和同心度、直边、显微镜可观察到的精细特征和最小特征尺寸、没有支撑结构的悬垂特征、3D 轮廓、光束尺寸误差。

该测试工件是 NIST 通过合并一系列先前测试工件的功能而开发的，旨在用于判断增材制造工艺中使用的机器和工艺参数的性能。此类相似工件如图 3.2 和图 3.3 所示。

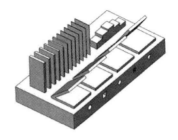

图 3.2　工件 1 可测量打印部件角度、壁厚和高度

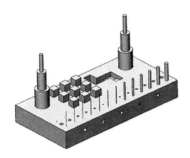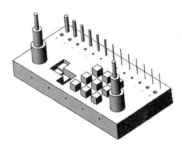

图 3.3　工件 2 可测量同心度、台阶水平度、销的高度和单个销的厚度

图 3.2 中所示的测试工件包含以下功能：
（1）不同厚度的薄壁；
（2）阶梯功能；
（3）不同角度的角板；
（4）横向特征。

图 3.3 中所示的测试工件包含以下功能：
（1）各种直径的销；
（2）各种台阶和直径的筒；
（3）各种直径的孔；
（4）立方体特征；
（5）阶梯特征。

其中的某些功能与 NIST 工件中的功能类似[19]，而某些功能（如角板）则设计用于测试打印工艺的极限。这些工件的发展将使人们对机器性能有更好的了解。

NIST 还针对测试增材制造中使用的聚合材料发表了一篇文章。调查结果表明，聚合物是增材制造中使用最多的材料，如图 3.4 所示。

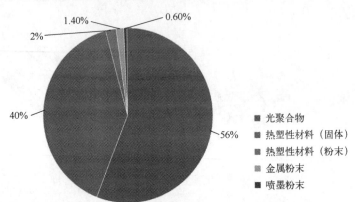

图 3.4　增材制造中可用材料类型的百分比[8]

增材制造中使用的大多数材料都是基于聚合物的，但大多数数据手册中都没有多少有关其性能的信息。由于缺乏标准，不同供应商之间的数据表经常难以对比。尽管参考了相似的测试标准，但是不同供应商可能会在不同的环境中进行测试[8]。

尽管有这些不足，许多现存标准仍然被广泛用于确定增材制造生产的零件的各种特性是拉伸、弯曲、压缩、剪切、蠕变、疲劳、断裂韧性、冲击和承载能力和开孔压缩。

本章总结了可用于确定增材制造生产的聚合物零件强度的所有测试标准，但应注意该标准有各种分类。标准中规定的某些测试可直接用于增材制造零件，但有些要在测试之前先进行后处理。还有其他不适用于增材制造的标准，因此不可能使用增材制造技术生产这些标准中规定的试样[8]。这些标准的使用者需要注意这些为增材制造样品特别规定的测试。

3.5　问　　题

1. 列出增材制造测量技术所面临的挑战。
2. 列举一些增材制造零件特有的测量标准。
3. 讨论测量科学在实现闭环反馈系统中的重要性。
4. 哪些因素限制了商业增材制造系统采用闭环反馈系统？
5. 制定增材制造标准面临哪些挑战？
6. 测量科学在标准制定中的作用是什么？

参 考 文 献

［1］ Y. Huang, M. C. Leu, J. Mazumder, et al. Additive manufacturing: current state, future potential, gaps and needs, and recommendations, J. Manuf. Sci. Eng. 137 (2014) 014001.

［2］ C. Brown, J. Lubell, R. Lipman. Additive manufacturing technical workshop summary report, NIST, 2013.

［3］ Energetics Inc and NIST. Measurement science roadmap for metal-based additive manufacturing, NIST, 2013.

［4］ NIST. NIST awards $7. 4 million in grants for additive manufacturing research, NIST, 2013.

［5］ K. Jurrens. NIST measurement science for additive manufacturing presented at the PDES, Inc. technical workshop, Gaithersburg, MD, USA 2013.

［6］ J. A. Slotwinski. Additive manufacturing at NIST presented at the The Science of Digital Fabrication, Massachusetts Institute of Technology, Cambridge, MA, USA, 2013.

［7］ NIST. NIST Measurement science for additive manufacturing program, 2014. Available from: http://www. nist. gov/el/isd/sbm/msam. cfm.

［8］ A. M. Forster. Materials testing standards for additive manufacturing of polymer materials: state of the art and standards applicability, NIST, 2015.

［9］ J. A. Slotwinski, E. J. Garboczi. Metrology needs for metal additive manufacturing powders, J. Minerals Metals Materials Soc. 67 (2015) 538-543.

［10］ Y. -A. Jin, Y. He, J. -Z. Fu, et al. Optimization of tool-path generation for material extrusion-based additive manufacturing technolog, Addit. Manuf. 1-4 (2014) 32-47.

［11］ G. J. Schiller. Additive manufacturing for aerospace, in: IEEE Aerospace Conference, MT, USA, 2015, pp. 1-8.

［12］ M. Mani, B. Lane, A. Donmez, et al. Measurement science needs for real-time control of additive manufacturing powder bed fusion processes, NIST, 2015.

［13］ Stratasys. ASTM additive manufacturing standards: What you need to know? 2015. Available from: https://www. stratasysdirect. com/blog/astmstandards/.

［14］ ASTM. Standard specification for powder bed fusion of plastic materials, in: ASTM F3091/ F3091M-14, ASTM International, 2014.

［15］ ASTM. Standard guide for characterizing properties of metal powders used for additive manufacturing processes, in: ASTM F3049-14, ASTM International, 2014.

［16］ D. Hu, R. Kovacevic. Modelling and measuring the thermal behaviour of the molten pool in closed-loop controlled laser-based AM, Proc. Institut. Mech. Eng. Part B J. Eng. Manuf. 217 (2003) 441-452.

［17］ M. Shiomi, A. Yoshidome, F. Abe, et al. Finite element analysis of melting and solidifying processes in laser rapid prototyping of metallic powders, Int. J. Machine Tools Manuf. 39

(1999) 237-252.

[18] V. Brøtan. A new method for determining and improving the accuracy of a powder bed additive manufacturing machine, Int. J. Adv. Manuf. Technol. 74 (2014) 1187-1195.

[19] S. Moylan, J. Slotwinski, A. Cooke, et al. Proposal for a standardized test artifact for additive manufacturing machines and processes, in: Solid Freeform Fabrication Symposium, Austin, TX, USA, 2012.

[20] S. Moylan, A. Donmez, D. Falvey, et al. NIST qualification for additive manufacturing materials, processes and parts, 2013. Available from: http://www.nist.gov/el/isd/sbm/qammpp.cfm.

第4章 软件和数据格式

4.1 增材制造中的数据格式

通过增材制造技术进行零件和部件的制造可以广义地描述为一个通过计算机接口发送到增材制造系统的 3D 模型指令集[1-3]。这个"标准"接口将 3D 模型的 CAD 数据转换为增材制造设备可以识别的格式[4-6]。

任何通过增材制造得到的零件都来源于 CAD 系统或 3D 扫描仪获得的 3D 模型数据。在 3D CAD 建模程序（如 SolidWorks、PTC Creo、Siemens NX）绘制或导入 3D 模型后，该模型将被导出为各种文件格式，这在很大程度上取决于所使用的增材制造系统的类型。目前，有 90 多种用于 3D 建模软件输出的文件格式[7]，大多数文件格式往往是各公司为自己的 CAD 程序而开发的专用格式。但是，也有一些通用格式可以被大多数 CAD 平台读取。较流行和广泛使用的通用格式为 STL（立体光刻）、IGES（初始图形交换规范）、STEP（标准图形交换格式）、OBJ（目标文件）、VRML（虚拟现实建模语言）和 NURBS（非均匀有理基样条）。这些格式中的每一种都有其独特的优点和缺点，这使得这些格式比其他格式有更广泛的应用。

文件格式的流程通常遵循图 4.1 中所示的顺序，从 CAD 软件（通常是三维参数化建模平台，如 SolidWorks）输出的文件格式开始，然后转换为 STL 格式以在台式增材制造设备上打印。切片软件将 STL 模型切成许多不同的层，并生成一组刀具路径指令，如增材制造设备的 G 代码。增材制造设备根据所使用的工艺类型，一般为机器指令或 G 代码来执行打印，如将打印机头移至指定坐标并在将机头移至新坐标的同时开始挤出。

STL 最初由 3D 系统开发，是目前已为业界大多数增材制造系统所使用的文件格式。最初是 STereo Lithography 的首字母缩写，后来被归为"backronyms"，如标准曲面细分语言或标准三角形语言[8]。由于其简单性且独立于任何 CAD 软件，STL 文件格式在各增材制造系统中广泛应用。该文件可以保存为二进制和 ASCII 两种格式。

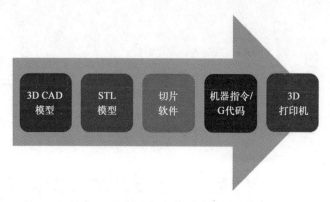

图 4.1 从 3D 模型到打印零件的流程

4.1.1 STL

STL 文件是从 CAD 模型中衍生出来的面元模型[9-12]，它由一个表面网格组成。其中，包含许多三角形的小平面，每个小平面的位置由一组 x、y 和 z 坐标确定，构面由 3 个顶点和一个指向物体内部的单位法向矢量组成。

STL 文件可以是二进制或 ASCⅡ格式，其中后者是可人工解读的[13]。ASCⅡ格式允许用户在遇到任何错误时调试文件，但这以增大文件大小为代价。相较而言，二进制 STL 文件较小。例如，要在计算机上存储 10000 的数值，以ASCⅡ形式存储大约需要 6B 的存储空间，而以二进制形式则需要 4B 的存储空间。

STL 文件的大小随构面数的增加而增加。高分辨率模型生成的 STL 文件比低分辨率模型生成的文件更大。首先图 4.2 说明了在 CAD 软件程序中设计的圆柱体文件大小的差异；然后将其转换为用于增材制造的 STL 文件。为了准确地表示圆柱形状，高分辨率的 STL 文件需要用大量三角形小平面来近似圆柱的曲面，在图 4.2（c）中可以看到它是密集的黑色圆柱。相反，如果曲率

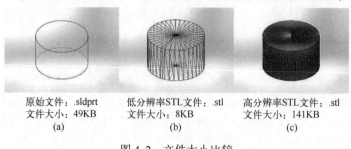

原始文件：.sldprt   低分辨率STL文件：.stl   高分辨率STL文件：.stl
文件大小：49KB   文件大小：8KB   文件大小：141KB
      (a)   (b)   (c)

图 4.2 文件大小比较

（a）49KB、（b）8KB 和（c）141KB。

的准确度不是至关重要的，那么可以使用低分辨率的 STL 文件。这使得文件大小从 141KB（高分辨率）降低到 8KB（低分辨率）。

4.1.2 STL 文件的问题

由于 STL 文件不包含任何拓扑数据的性质，导致其存在若干问题。目前，CAD 供应商使用的许多商业细分算法也不可靠，他们倾向于创建多边形近似模型，以显示下列误差类型：缺少切面或间隙；退化小平面（其所有边缘共线）；重叠面；非流形拓扑条件。

早期研究表明，由于错误不甚明显，修复失效模型很困难[14-15]。根本问题在于在曲面细分、曲面相交和控制数值误差方面存在困难。商业细分算法无法生成有效的细分面元模型，因此必须在把细分模型发送到增材制造设备制造之前进行模型有效性检查。如果细分模型无效，那么必须修复 STL 文件并确定具体问题是什么，这些问题是不是由间隙、退化或重叠面等导致的。

4.1.3 IGES

IGES 是一种用于在 CAD 系统之间交换图形信息的数据格式。IGES 文件格式于 1981 年作为美国国家标准建立，能够精确表示 CAD 模型，而 STL 文件格式只是一种近似表示。

像 Stratasys 3D 系列、DTM Sinterstation 2000 等各种增材制造系统，都支持在其打印软件中使用 IGES。IGES 还包含有关点、线、弧、曲线、曲面和实体图元的信息，以精确表示 CAD 模型。

另外，与 STL 相比，目前并非所有增材制造系统都兼容 IGES 文件。IGES 文件存在一些缺点，例如，信息冗余、缺乏对面元表示以及复杂算法的支持。

4.1.4 STEP

STEP 是 ISO 开发的数据格式[16]，发布标准代号为 ISO 10303，STEP 涉及的范围比许多 CAD 文件格式更广泛。与 IGES 和 STL 相比，STEP 能容纳更多信息，如涉及产品整个生命周期的相关数据。

STEP 是来自不同国家的数百人共同努力的结果，它由相关标准小组委员会（ISO TC184/SC4）于 1994 年首次发布。STEP 格式始终在扩展，不断适应行业新要求。它包含与材料、产品生命周期、功能等有关的信息。STEP 有大约 40 个不同的已定义部分，并有更多正在开发中[16]。与 IGES 相比，STEP 文件包含的信息有原材料数据、制造工具、制造方法、标准件、公差数据、特征、数控数据、用于运动学仿真的数据、2D 绘图和产品数据管理。

STEP 中使用最广泛的部分是应用协议为 AP 203 的几何数据交换，该协议用于处理有关产品形状、组装说明和配置说明（如零件版本、发布状态等）的信息。

STEP 文件格式由于其非专有的性质而被广泛使用，它涉及了产品从设计到报废的整个生命周期。因此，它包含大量增材制造工艺可能不需要的数据。类似于 IGES，STEP 通常需要新的算法和解释器来处理增材制造的数据[9]。

4.1.5　OBJ

OBJ 是 Wavefront Technologies 开发的一种开源文件格式，最初是为 Advanced Visualizer 动画包设计的[17]。在格式和支持 3D 网格方面，OBJ 与 STL 非常相似，而 OBJ 具有其他优势。例如，它能够支持纹理和材质信息、动画和对象层次结构。尽管 OBJ 由于其简单性而被普遍接受，但是它并没有得到业界的广泛支持。由于 3D 网格语言的相似性，有些低级入门打印机可以在 STL 的基础上兼容 OBJ 文件。

4.1.6　VRML

VRML 是一种标准文件格式，包含以下特征[18]：表示 3D 多边形的顶点和边缘、表面颜色、透明度、表面反射率。

VRML 用于表示为万维网设计的 3D 交互式矢量图形。但是已被称为可扩展 3D 图形的 X3D 取代[19]。

这些文件格式使用户可以直观地看到他人在线上传的零件，然后下载它们进行增材制造。为了提高可用性，所有文件都会自动转换为 STL 格式，以便用户下载后可以立即开始打印。

4.1.7　NURBS

NURBS 是一种数学公式的表示[20]，用于对物体的曲线或表面进行精确建模。NURBS 可以表征任何样式的 3D 形状和表面，如直线、样条曲线、自由形式曲线等。

NURBS 的优点是能够表示复杂的线条和形状，同时保持文件的整体大小较小[21]。NURBS 表面更平滑，因为它们通过数学公式化表示，与 STL 不同，STL 中的曲线是由许多面和三角形共同组成的，这也大大减少了获得相似结果所需的数据量。

业界有许多不同的增材制造文件格式选项。前面提到的 6 种文件格式是所有系统普遍接受的更通用的开放格式。但是，由于 STL 文件缺乏承载更多信息的能力，因此在制定专门针对增材制造的较新文件格式标准方面已有发展。例如，ISO/TC 261 和 ASTM F42 正在共同开发 AMF 文件格式（增材制造格式）[22]，而 Microsoft 正在与行业合作伙伴建立 3MF 联盟来开发 3MF 文件格式（3D 制造格式）[23]。

4.2 数据格式的新发展

自 20 世纪 90 年代初以来，STL 一直是增材制造事实上的行业标准。从那时起，许多其他格式被开发用以解决 STL 的缺点，但是它们大部分未能得到广泛应用。为了满足增材制造行业的未来需求，ASTM F42 和 ISO/TC 261 决定共同制定 AMF 标准，而 Microsoft 公司与其他合作伙伴组成了 3MF 联盟[24]。

AMF 被提出并实施以满足增材制造行业的需求并替换陈旧的 STL 文件格式。STL 仅包含网格数据，缺乏承载属性信息（如材料属性、颜色等）的能力。STL 在文件大小方面也存在问题：如果要以 STL 格式表示圆形或球形物体，那么文件大小将根据所需的同心度呈指数增长。此外，计算机可能没有足够的内存来打印或处理大型 STL 文件，这就可能出现用户根本无法打开文件的问题。例如，大型 STL 文件可能包含许多重叠的三角形小平面，这些小平面很难修复。因此，AMF 的实施将解决其中一些问题[25]。

众所周知，STL 在增材制造行业中发挥重要作用，但仍需要具有更多功能的文件格式。Microsoft 及其合作伙伴得出的结论是，这种文件格式无法满足要求。因此，最佳方法是通过在业界广泛参与下，共同努力来创建新的 3D 文件格式。这使得 3MF 联盟和 3MF 文件格式诞生，该文件格式是基于 XML 的，并且包含有关材料、颜色以及其他 STL 格式无法表示的信息[26]。但是，3MF 文件格式仅与 Microsoft Windows 8.1 和 Windows 10 系统兼容[27]。

同样，许多增材制造设备制造商也开始与软件开发商合作，以确保其机器能直接打印任何本机支持的 CAD 格式文件。例如，Stratasys 与在线 CAD 库共享服务 GrabCAD 合作，推出了 GrabCAD Print，该产品有望与大多数 Stratasys 机器兼容[28]。

鉴于增材制造工艺的最新进展，迫切需要克服传统使用的文件格式（如 STL）带来的限制。必须避免增材制造文件系统碎片化，以确保不同设计和制造平台之间的兼容性。功能强大的文件格式的开发和标准化是业界更快地采用增材制造工艺的关键。

4.3　增材制造中的扫描技术和数据格式

在增材制造技术的背景下，扫描使逆向工程成为可能。设计人员可以扫描目标对象，然后通过增材制造系统对其进行复制。例如，设计人员可以使用 3D 扫描仪生成需要重新设计的汽车的 CAD 模型。此外，可以在最终打印 3D 模型之前添加特定的修改，以获得修改后的 CAD 设计的副本。与使用诸如千分尺和游标卡尺之类的测量设备相比，扫描节省了时间，同时保持了相对准确的模型复制。使用扫描仪减少了手动进行物理测量的需要，从而节省了时间和精力。3D 扫描仪的工作原理背后有许多技术和变体，并且不同的制造商使用不同的文件格式。

3D 扫描仪生成的文件格式的一些示例为[29] . ply、. obj、. stl、. aio、. thing、. off、. wrl、. aop、. ascii、. ptx、. e57、. xyzrgb 和 . pl。

扫描技术大致可分为接触式和非接触式扫描仪[30]。非接触式扫描仪通常为光学性质的，可以进一步分为被动式和主动式扫描仪。

4.3.1　接触式扫描仪

接触式 3D 扫描仪使用探针与要扫描的对象进行接触通信。这些探针通常安装在 3 轴或 5 轴机器、机械臂或两者的组合上。接触式扫描仪背后的机制可以分为 3 种形式。

（1）3 轴系统通常包含 3 条相互垂直的轨道，以形成笛卡儿定位系统。接触探针连接到此装置，接触目标对象并沿其表面移动，这些系统最适合平坦的轮廓形状或简单的曲线和曲面。

（2）带有角度传感器的机械臂，臂的末端带有探头。手臂旋转以使用角度传感器和旋转传感器测量物体。手臂能够探测内部空间、凸起和复杂的表面。

（3）上述两种方法的组合，通常用于大型物体。

接触式 3D 扫描仪的一个示例是坐标测量机（CMM）。三轴滑架式三坐标测量机在行业中广泛用于零件测量，以检查质量和一致性。为获得稳定性，CMM 通常使用红宝石接触探针进行测量[31]。但是，由于物理接触，在测量过程中可能会损坏柔软或抛光的零件。CMM 本质上相对较慢，因为它一次只能测量一个点。与非接触式 3D 扫描仪不同，它进行点对点测量，并且基于该零件上所有点的平均值生成表面。

4.3.2　非接触式扫描仪

非接触式 3D 扫描仪在许多方面都与相机相似。它们从锥形视场捕获图像，并且只能看到不受任何介质阻挡的表面。与相机不同的是，3D 扫描仪会测量从表面到扫描仪镜头的距离。非接触式扫描仪分为主动和被动两种，主动式扫描仪发射光或辐射（X 射线、γ 射线等）以捕获物体的反射或辐射，从而测量目标零件。与主动扫描仪不同的是，被动非接触式扫描仪不会发出任何形式的光或辐射。相反，扫描仪依靠环境光和表面反射来进行测量。非接触式扫描仪使用的技术可以分为以下形式。

（1）主动式：飞行时间质谱，三角测量，手持式扫描仪，结构光，调制光，体积法（如计算机断层扫描）。

（2）被动式：立体系统，光度系统，轮廓技术。

4.3.3　飞行时间质谱

飞行时间质谱扫描仪通常会发出激光或红外辐射脉冲，这些脉冲会被接收器捕获并测量。往返所用的时间是光从发射器发射并反射回接收器的时间。与其他专用扫描仪相比，使用飞行时间质谱相机进行 3D 扫描相对便宜，并且能够产生相对较好的扫描品质[32]。

4.3.4　三角测量

基于激光的 3D 扫描仪使用激光的点或条纹来测量和扫描 3D 对象。当激光从不同角度照射在物体表面上时，由于激光反射而引起的距离差将投射在相机传感器的各个部分上。由于激光发射、相机以及反射到相机的激光的信息是已知的，因此可以确定三角形的形状和大小。1978 年成立的加拿大国家研究委员会是基于三角测量的激光扫描仪的首批开发者之一[33]。

4.3.5　手持式扫描仪

手持式扫描仪使用三角测量法来测量和扫描 3D 对象。它们通常依赖于参考点（如放在对象上的白色或黑色贴纸点）以跟踪其相对位置。使用者必须在对象周围移动扫描仪进行扫描。一些手持式扫描仪使用红外光，而其他一些则使用白光进行扫描。新一代的手持式扫描仪具有内置的陀螺仪和加速度计，可追踪其相对于物体的位置。

4.3.6　结构光

结构光 3D 扫描仪利用发射到表面上的快速移动变形的光图案来确定物体

的形状。这些光源通常是蓝光或白光。首先摄像机捕获投影到物体上的图案，测量图案的变形；然后将其转换为计算机上的 3D 模型。由于这项技术是相对较新的技术，因此还有许多正在进行的研究来提高结构光的准确性[34]。在扫描物体的光源形状和图案方面也进行了研究，如垂直或水平移动的条纹、点甚至网格[35]。环境光可能会在扫描过程中引入噪声，因此，重要的是使环境光变暗，以免影响扫描质量[36]。某些扫描仪利用蓝光而不是白光或黄光来减少由环境光引起的扫描过程中的噪声[37]。结构光扫描仪的优势包括高速和高精度扫描，这是因为它具有扫描整个区域场的能力，这与基于激光的扫描相反，基于激光的扫描一次只有一条细线在整个物体上缓慢移动[38]，其精度和速度取决于用于扫描的相机类型。

4.3.7　调制光

调制光 3D 扫描仪向目标对象上发射波动的光源[39]。通过利用正弦函数使光源变暗或变亮，相机将能够检测出投射在物体上的光型的偏移。这些光的变化使相机可以确定对象上的点及其与相机的相对距离，从而形成 3D 模型。调制光扫描不受环境光变化的影响。

4.3.8　体积法

体积扫描使用整个对象扫描的数千张图像堆叠获得的图像。计算机断层扫描（CT）是一种广泛用于医疗行业的流行方法。这将在 4.4 节中进一步讨论。

与传统的光扫描和激光扫描不同，CT 扫描还可用于扫描模具、冷却通道等的内部结构。由于 CT 扫描仅提供 2D 横截面图像，因此需要使用软件包将横截面图像转换成 3D 模型。CT 扫描的优点是能够检测物体内的空隙、通道和片段，这是表面扫描无法实现的。

4.3.9　立体系统

立体系统使用两个彼此稍微分开放置的相机，其工作原理类似于人眼。通过分析图像中的细微差异，系统能够测量从相机到物体的距离，从而生成该物体的表面轮廓[39]。通过比较由摄像机捕获的图像发现，与较远的那些点相比，物体上靠近摄像机的点之间的偏移量更大。由于两个摄像机之间的距离是固定并且是已知的，因此可以通过三角函数计算从摄像机到物体上各个点的距离。

4.3.10　光度系统

与立体系统中的双摄像头不同，光度系统使用单摄像头。为了测量物体的轮廓，首先在不同的光照条件下捕获多个图像；然后对图像模型进行反演，以获取相机传感器上每个像素表面上的信息[39]，模型的形成基于不同角度的不同图像。相机未捕获的区域都不会产生任何表面，因此会导致图像中出现空白。

4.3.11　轮廓技术

剪影技术利用在背景上获取的剪影投影来近似形成扫描零件[39]。尽管无法检测到凹形特征，但相机能够捕获物体大概的形状或大小。通常在旋转的基础上，相机拍摄的不同 2D 图像将被合并以形成 3D 模型。

4.3.12　点云

大多数 3D 扫描仪以点云格式输出原始扫描数据。由 3D 扫描仪和 3D 成像产生的点云是可视化的且便于测量。点云一般是 3D 坐标系中的一组数据点，通常由 x、y 和 z 坐标定义。它们用于表示对象的表面，不包含任何内部特征、颜色、材料等数据。但是，许多 CAD 应用程序都采用参数化建模、直接建模或基于网格的建模。因此，需要将来自点云的数据转换成适用于 CAD 软件的格式，以便获得扫描零件的几何信息。将点云数据转换为 STL 文件还可以很容易地用于增材制造[40]。

参数化建模使用基于特征的方法设计模型的形状。特征可以是元素，如凸台、孔、圆角、倒角、切口，这些元素与模型结合后就构成了最终零件[41]。此外，参数化建模是基于历史的，可以根据需要在模型树中选择和编辑某些特征。但是，如果新创建的任何其他特征参考了之前的某个特征，那么删除或更改该被参考的特征将会影响新建的特征。参数化建模是最常用的建模形式，在将其导出为适合增材制造的文件格式之前，可以将点云数据转换为参数化模型进行编辑。

直接建模类似于西门子公司的同步技术和 PTC 的直接建模，是用于创建 3D 模型的非基于历史记录的直接编辑技术[42-43]。与参数化建模不同，直接建模允许使用实时可视化功能编辑特征。例如，设计人员可以将凸台的位置从一个位置转移到另一位置，而无须任何数字，并且凸台与其他特征的任何关系都将自动实时更新。与参数化建模相比，直接建模相对更快。

基于网格的建模（也称多边形建模）使用多边形（通常是三角形）作为建模中的最小元素。根据结构的不同，可以将其制成曲面或 3D 模型。由于可以轻松连接点形成网格，因此可以轻松地将点云转换为基于网格的模型。随着点的数量增加，网格变得非常精细，并且需要更多的计算能力来处理文件。

STL 文件格式也基于相同的建模技术，只要将点云导入 STL 中，就可以直接进行增材制造，前提是该扫描具有高分辨率并且不需要修复。

不管点云转换成哪种文件格式，在加工开始之前，在软件中良好地表示扫描对象都是至关重要的。如有必要，应先进行修改，然后将其发送到其他应用程序、平台、服务或增材制造设备。

4.4　用于增材制造的医学成像和转换软件

用于医学诊断的图像基本上是通过 X 射线或核磁共振获取的。用于构建 3D 模型的数据通常来自基于 X 射线成像原理的透视或 CT 扫描仪，或者通过核磁共振成像（MRI）扫描仪获得图像获得的。

通过 CT 或 MRI 扫描获得的数据由许多从不同角度拍摄的横截面二维（2D）图像组成。数字几何处理用于通过一系列围绕单个旋转轴拍摄的 2D 射线图像生成物体内部的 3D 图像[44]。

尽管大多数 CAD 软件都具有一些基本的表面处理和逆向工程功能，但与医学应用相关的表面的复杂性，要求设计良好的算法来处理表面的高不均匀度和有机性质。除了能够使用从外部三角扫描仪上获取的通过光学三角测量的点云数据，医学成像和转换软件还应该能够直接处理从标准医学诊断设备（如 CT 和 MRI 扫描仪）获得的本地文件。

医学数字成像和通信（DICOM）是一种指定文件格式以及医学成像网络通信协议的标准。DICOM 文件格式被医学成像设备、信息系统和医疗行业等其他外围设备制造商广泛使用[45]，该软件还需要具备识别、分类和过滤医学扫描中不同成分（如骨骼和软组织）的功能。这可以通过通常称为分割的过程来完成，在该过程中，可以在 CT 或 MRI 扫描获得的不同横截面上识别特定几何形状（如骨段）的轮廓，并且该软件能够分离并形成被识别的几何图形的 3D 模型。任何针对医学应用的增材制造成像和转换软件都可以从本地导入和处理 DICOM 文件，进行分段并生成 3D 模型，然后可以将这些 3D 模型导出为标准增材制造格式，如 STL 或 AMF。

Mimics 是 Materialize NV 公司的一款软件，可以导入 DICOM 扫描图像，对其进行处理并形成可用于分析的准确的 3D 模型。该软件着力于以下 6 个方面的应用[46]：

（1）医学图像分割；

（2）解剖分析；

（3）虚拟手术；

（4）台式模型设计；

（5）患者专用设备设计；

（6）术后分析。

Mimics 帮助外科医生更好地了解患者的身体状况并进行评估。由于每个患者都是独特的，因此可以通过软件升级来定制医疗设备、手术工具和支架，甚至进行虚拟手术。

4.5　软件和数据验证

由于噪声，所有扫描的数据都会出现某种形式的准确性问题，但是大多数噪声会在扫描过程中被过滤。为了确认对零件进行了良好的扫描，用户必须检查是否需要进行修复，以使零件模型更平滑，或者是否需要重新扫描零件。借助用于将 STL 文件分解为不同的层以满足增材制造工艺的不同切片技术，可以提高打印质量。图 4.3 展示了带有打印机打印路径的完整切片零件。

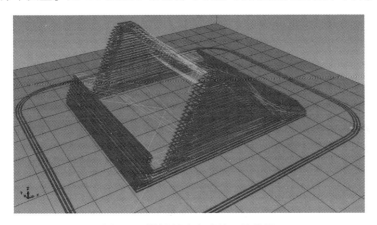

图 4.3　增材制造生成的刀具路径

一种提高扫描模型质量的方法是通过使用 Max-Fit biarc 曲线技术使 STL 模型更平滑。如 4.2 节所述，如果希望更好地表示曲线，那么 STL 文件需要更多的存储空间。因此，必须增加 STL 中使用的三角形的密度以生成更精确的曲线，这会导致文件更大[47]。随后，STL 模型将被切成增材制造工艺所需的层，切片数据将发送到增材制造设备进行制造。由于用于增材制造加工的曲线通常是由许多小的直线段连接而形成的，因此表面粗糙度较大。切片的刀具路径数据中的这些直线段同样由机器处理。但是，如果切片的刀具路径数据可以包含曲线，那么在打印零件时，表面质量会更平滑，因为打印头将以连续曲线而不是一系列直线移动。在 STL 切片过程中应用 Max-Fit biarc 曲线算法拟合闭合曲线,可以在保证提高打印精度所需公差的同时,保持 STL 文件较小[47]。

改善打印质量的另一种技术是应用自适应切片。使用自适应切片进行增材制造的方法有很多。下面讨论 3 种自适应切片方法:局部自适应切片、逐步均匀细化和立方体近似。

一般的切片方法取决于所需的层厚度。较厚的切片会导致曲面上的表面粗糙度较大。这是由于切片过程中产生的阶梯状效应,如图 4.4 所示。但是,如果切片太薄,将延长制造时间。因此,在保持较小表面粗糙度的同时减少制造时间的一种方法是采用局部自适应切片[48]。表面简单的零件可以使用较厚的切片层,而具有复杂表面的零件可以使用较薄的切片层[48]。可以将这种切片技术应用于那些在整个构建过程中能够打印不同层厚的增材制造工艺中。

图 4.4　切片效果类似阶梯

然而,局部自适应切片不能普遍地应用于所有增材制造工艺,因为某些增材制造系统仅允许使用固定切片参数。例如,FDM 设备的挤出喷嘴直径是固定的,这就决定了其挤出直径和层的厚度。为了产生不同的层厚度,就需要可变直径的喷嘴。

但是,局部自适应切片可以应用于粉末床工艺。如果一组特定的层仅包含简单的表面,那么可以进行更厚的铺覆以增加层的厚度。也可以成比例地增加激光功率以烧结较厚的层。如果另一组层包含复杂的表面，那么可以将每个层薄薄铺覆并以降低的激光功率进行烧结。这些薄层（覆盖许多层）可以实现复杂的表面，并减少类似阶梯的效果。

逐步均匀细化是另一种将模型初始划分为厚切片的技术。那些表面复杂的厚切片将被进一步细分并达到最大的尖端高度，以获得最佳的表面粗糙度[49]。但是，使用此技术时，用户必须识别模型中的关键特征，这一点很重要，较厚的切片可能导致细微复杂特征丢失。所以，在切片过程中有必要考虑对具有此类特征的区域进行额外的切片[49]。所以，通过逐步均匀的细化，仍然可以生成复杂的特征，同时节省了不太复杂的区域切片的时间。

在立方体近似中，可以将外壁的切片（可以视为外表面）建模为一对连续的轮廓，而不是从 STL 三角形小平面生成的直线[50]。Kumar 和 Choudhury 建议通过定义被划分为网格的立方块的角点来使用 Bezier 曲面，测量垂直于表面的网格点，并将所有法线之间的偏差作为外壁部分的尖端高度。因此，通过切片产生曲率可以获得更好的表面粗糙度。

先前描述的切片技术可用于极大地加快增材制造过程，但是至关重要的是检查并确保在切片过程中不会丢失模型的任何必需特征[49]。

4.6　问　　题

（1）从现有物理模型开始，列出使用增材制造设备打印零件模型的复制品所需的步骤。

（2）列出 STL 文件格式的局限性以及解决这些局限性的解决方案。

（3）3D 扫描技术有哪些类型？列出它们的优点和缺点。

（4）为什么需要 DICOM？

（5）生成内部结构的 3D 模型需要哪些步骤？

（6）在确保打印关键特征的同时可以采用哪些技术来提高打印速度和降低表面粗糙度？

参 考 文 献

[1] C. K. Chua, K. F. Leong. 3D Printing and Additive Manufacturing：Principles and Applications, fifth ed., World Scientific Publishing Company, Singapore, 2017.

[2] C. K. Chua, M. V. Matham, Y. J. Kim. Lasers in 3D Printing and Manufacturing, World Scientific Publishing Company, Singapore, 2017.

[3] C. K. Chua, W. Y. Yeong, Bioprinting: Principles and Applications, World Scientific Publishing Company, Singapore, 2014.

[4] Y. K. Modi, S. Agrawal, D. J. de Beer. Direct generation of STL files from USGS DEM data for additive manufacturing of terrain models, Virtual Phys. Prototyp. 10 (2015) 137-148.

[5] A. Ghazanfari, W. Li, M. C. Leu. Adaptive rastering algorithm for freeform extrusion fabrication processes, Virtual Phys. Prototyp. 10 (2015) 163-172.

[6] J.-Y. Lee, W. S. Tan, J. An, et al. The potential to enhance membrane module design with 3D printing technology, J. Memb. Sci. 499 (2016) 480-490.

[7] S. Tibbits. 4D printing: multi-material shape change, Architect. Design 84 (2014) 116-121.

[8] 3D Systems Inc. The STL format, in: StereoLithography Interface Specification, 1989.

[9] C. K. Chua, G. K. J. Gan, M. Tong. Interface between CAD and Rapid Prototyping systems Part 1: a study of existing interfaces, Int. J. Adv. Manufactur. Technol. 13 (1997) 566-570.

[10] C. K. Chua, G. K. J. Gan, M. Tong. Interface between CAD and Rapid Prototyping systems. Part 2: LMI — An improved interface, Int. J. Adv. Manufactur. Technol. 13 (1997) 571-576.

[11] G. K. J. Gan, C. K. Chua, M. Tong. Development of a new rapid prototyping interface, Comput. Ind. 39 (1999) 61-70.

[12] C. K. Chua, K. F. Leong. 3D Printing and Additive Manufacturing: Principles and Applications, fourth ed., World Scientific Publishing Company, Singapore, 2014.

[13] C. K. Chua, K. F. Leong, C. S. Lim. Rapid Prototyping: Principles and Applications, 3rded., World Scientific Publishing Company, Singapore, 2010.

[14] K. F. Leong, C. K. Chua, Y. M. Ng. A study of stereolithography file errors and repair. Part 1. Generic solution, Int. J. Adv. Manufactur. Technol. 12 (1996) 407-414.

[15] K. F. Leong, C. K. Chua, Y. M. Ng. A study of stereolithography file errors and repair. Part 2. Special cases, Int. J. Adv. Manufactur. Technol. 12 (1996) 415-422.

[16] M. J. Pratt. Introduction to ISO 10303—the STEP standard for product data exchange, J. Comput. Inform. Sci. Eng. 1 (2001) 102-103.

[17] OBJ files a 3D object format (2017). Available from: http://people.sc.fsu.edu/~jburkardt/data/obj/obj.html.

[18] D. Raviv, W. Zhao, C. McKnelly, et al. Active printed materials for complex self-evolving deformations, Sci. Rep. 4 (2014) 7422.

[19] X3D recommended standards (2017). Available from: http://www.web3d.org/standards.

[20] P. Lavoie. An introduction to NURBS, Philippe Laovie, 1998. Avaialable from: http://www.hcs.harvard.edu/~lynders/cs275/nurbsintro.pdf.

[21] P. J. Schneider (2017). NURB curves: a guide for the uninitiated. Available from:

http://www.mactech.com/articles/develop/issue_25/schneider.html.

[22] ISO and ASTM. Standard specification for additive manufacturing file format (AMF) version 1.2, in: ISO/ASTM52915-16, ed: ISO, ASTM International, 2013.

[23] S. Badalov, Y. Oren, C. J. Arnusch. Ink-jet printing assisted fabrication of patterned thin film composite membranes, J. Membr. Sci. 493 (2015) 508-514.

[24] S. Badalov, C. J. Arnusch. Ink-jet printing assisted fabrication of thin film composite membranes, J. Membr. Sci. 515 (2016) 79-85.

[25] P. Kinnane (2017). A better file format for 3D printing to replace STL. Available from: https://www.comsol.com/blogs/a-better-file-format-for-3d-printing-to-replace-stl/.

[26] D. Bella (2015). 3D printing file format cage match: AMF vs. 3MF. Available from: http://blog.grabcad.com/blog/2015/07/21/amf-vs-3mf/:

[27] Y. Lu, S. Choi, P. Witherell. Towards an integrated data schema design for additive manufacturing: conceptual modeling in: ASME 2015 International Design Engineering Technical Conferences and Computers and Information in Engineering Conference, Boston, Massachusetts, USA, 2015.

[28] Grabcad print (2017). Available from: https://grabcad.com/print.

[29] D. Kim, S. H. Lee, S. Jeong, et al. All-ink-jet printed flexible organic thin-film transistors on plastic substrates, Electrochem. Solid State Lett. 12 (2009) H195-H197.

[30] B. Curless. From range scans to 3D models, J. Comput. Graph. (ACM) 33 (4) (1999) 38 41.

[31] At the sharp end - a guide to CMM stylus selection (2017). Available from: http://www.renishaw.com/en/at-the-sharp-end-a-guide-to-cmm-stylus-selection-10927.

[32] Y. Cui, S. Schuon, D. Chan, et al. 3D shape scanning with a time-of-flight camera in: 2009 IEEE Conference on Computer Vision and Pattern Recognition (CVPR), Miami, FL, USA, 2010, pp. 1173-1180.

[33] R. Mayer. Scientific Canadian: invention and innovation from Canada's national research council, Raincoast Books, Vancouver, 1999.

[34] R. J. Valkenburg, A. M. McIvor. Accurate 3D measurement using a structured light system, Image Vision Comput. 16 (1998) 99-110.

[35] J. Geng. Structured-light 3D surface imaging: a tutorial, Adv. Optics Photon. 3 (2011) 128-160.

[36] M. Gupta, A. Agrawal, A. Veeraraghavan, et al. Structured light 3D scanning in the presence of global illumination, in: IEEE CVPR 2011 Conference, Colorado Springs, 2011, pp. 713-720.

[37] Blue light 3D scanners (2016). Available from: http://www.capture3d.com/3d-metrology-solutions/3d-scanners.

[38] I. Ishii, K. Yamamoto, K. Doi, et al. High-speed 3D image acquisition using coded struc-

tured light projection, in: 2007 IEEE/RSJ International Conference on Intelligent Robots and Systems, San Diego, CA, USA, 2007, pp. 925-930.

[39] M. A. -B. Ebrahim. 3D laser scanners' techniques overview, Int. J. Sci. Res. 4 (2015) 323-331.

[40] P. Pal. An easy rapid prototyping technique with point cloud data, Rapid Prototyp. J. 7 (2001) 82-90.

[41] R. Januszciewicz, J. R. Tumbleston, A. L. Quintanilla, et al. Layer-less fabrication with continuous liquid interface production, Proc. Natl. Acad. Sci. 113 (2016) 11703-11708.

[42] J. -Y. Lee, J. An, C. K. Chua. Fundamentals and applications of 3D printing for novel materials, Appl. Mater. Today 7 (2017) 120-133.

[43] M. Brunelli (2016). Parametric vs. direct modeling: Which side are you on? Available from: http://www. ptc. com/cad-software-blog/parametric-vs-direct-modeling-which-side-are-you-on.

[44] G. T. Herman. Fundamentals of Computerized Tomography: Image Reconstruction from Projections, second ed. , Springer-Verlag, London, (2009).

[45] NEMA. Digital imaging and communications in medicine (DICOM) standard, PS3/ISO 12052, National Electrical Manufacturers Association, Rosslyn, VA, USA. Available from: http://medical. nema. org/.

[46] I. Smurov, M. Doubenskaia, A. Zaitsev. Comprehensive analysis of laser cladding by means of optical diagnostics and numerical simulation, Surf. Coating. Technol. 220 (2013) 112-121.

[47] B. Koc, Y. Ma, Y. -S. Lee. Smoothing STL files by max-fit biarc curves for rapid prototyping, Rapid Prototyp. J. 6 (2000) 186-205.

[48] J. Tyberg, J. H. Bøhn. Local adaptive slicing, Rapid Prototyp. J. 4 (1998) 118-127.

[49] E. Sabourin, S. A. Houser, J. H. Bøhn. Adaptive slicing using stepwise uniform refinement, Rapid Prototyp. J. 2 (1996) 20-26.

[50] M. Kumar, A. R. Choudhury. Adaptive slicing with cubic patch approximation, Rapid Prototyp. J. 8 (2002) 224-232.

第5章 增材制造的材料表征

5.1 增材制造中的材料表征介绍

目前，增材制造中使用的典型材料是聚合物和金属，并且正在进行的研究将其用途扩展到其他材料类，如陶瓷和复合材料。增材制造中使用的原材料可以根据其形式分为固体、液体和粉末 3 种。增材制造中不同类型的材料及其 ASTM/ISO 标准中的相应工艺类别如图 5.1 所示。

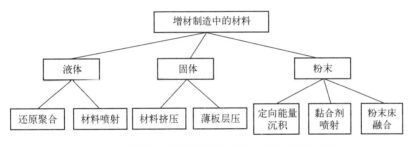

图 5.1 增材制造中的物料类型及其对应的过程类别

5.1.1 基于液体材料的增材制造

基于液体材料的代表性增材制造技术包括光聚合和材料喷射。光聚合技术是在需要的地方，使用紫外线（ultraviolet，UV）固化或硬化桶中的光敏树脂，同时在每个新层固化后，平台带着将要打印的对象向上或向下移动。这种过程的示例包括立体光刻（stereo lithography，SL）和数字光处理（digital light processing，DLP）。在材料喷射中，选择性地分配构建材料的液滴，这些液滴通过紫外线固化，这样的过程的示例包括喷墨打印。基于液体材料的增材制造工艺的原理图如图 5.2 所示。

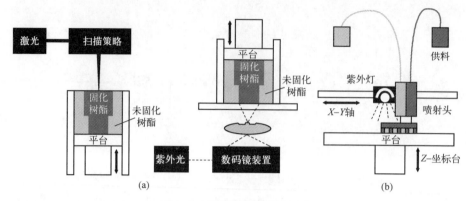

图 5.2　基于液体的增材制造

（a）立体光刻；（b）喷墨打印。

5.1.2　基于固体材料的增材制造

在基于固体材料的增材制造技术中，最常见的技术是材料挤压，材料通常以长丝形式通过喷嘴或孔口选择性地分配。这种技术的一个示例是熔融沉积成形（fused deposition modeling，FDM），如图 5.3 所示。

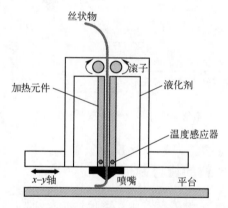

图 5.3　基于固体的增材制造——熔融沉积成形

另一种基于固体材料的增材制造技术，即薄材叠层［又称分层实体成形（laminated object manufacturing，LOM）］，将材料薄片黏合在一起以形成零件。

5.1.3　基于粉末的增材制造

基于粉末的增材制造的代表技术包括定向能量沉积（directed energy deposition，DED）、黏结剂喷射和粉末床熔融。在 DED 中，聚焦热能（如激光、电子束或等离子弧）用于在沉积材料时熔化并融合材料。这种工艺的一个例子是激光近净成形技术（laser engineered net shaping，LENS）。在黏结剂喷射中，液体黏结剂选择性沉积并用于连接粉末材料。在粉末床熔融技术中，热能用于选择性地融合粉末床区域，类似的有激光选区熔化技术和电子束熔融技术。激光选区熔化和电子束熔融技术的示意图如图 5.4 所示。

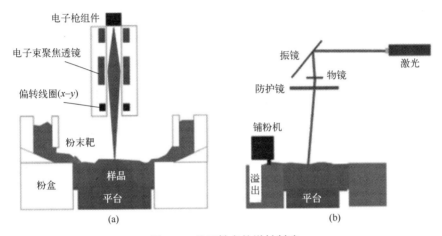

图 5.4　基于粉末的增材制造

（a）电子束熔融技术；（b）激光选区熔化技术。

5.2　液体材料表征技术

本节讨论用于表征液体材料的一些重要技术。进一步列出了将在以下小节中讨论的一些测试：①黏度测量技术；②表面张力测量技术；③固化表征技术；④热稳定性评估技术；⑤外观评估技术；⑥密度测量技术。

5.2.1　黏度

黏度是流体的一种属性，它抵抗流体内部的相对运动，或者简单地抵抗流体的流动阻力[1]。非正式的解释，液体的"厚度"通常用于表示液体的黏度。在流体动力学中，流体的黏度是其抵抗剪切应力或拉伸应力渐变的度量[1]。黏度的国际单位是帕斯卡·秒（Pa·s），但是最常用的黏度单位是达因·秒/平方厘米（dsne·s/cm²）或简称泊（Pise）。在数学上，1Pa·s = 10P，这使厘泊和毫帕·秒相等。

在基于液体的工艺中，原材料通常是液态树脂。因此液体树脂的黏度在确定其与印刷工艺的相容性中起重要作用。对于自上而下的立体平版印刷术，高黏度树脂会导致打印过程中的流平问题和打印零件的收缩[2]。由于没有刮水器，具有高黏度的树脂需要更多时间才能均匀地分布在构建平台上，从而为每一层提供材料。因此低黏度树脂是优选的，以减少树脂流平时间[2]。

同样，对于喷墨打印，树脂形成液滴和喷射的能力在很大程度上取决于驱动器的力和树脂的黏度[3]。通常高黏度树脂需要较高的驱动力才能通过喷嘴喷射。换句话说，黏度太高的树脂将难以通过喷嘴流动，可能会达到执行机构无法克服的程度。

因此，每个基于液体的工艺均具有建议的黏度范围以实现最佳操作。在室温和配置温度下，喷墨打印树脂的建议黏度等级为 $20 \sim 125cP$（$1cP = 10^{-3}Pa \cdot s$）[4]。立体光刻中使用的树脂具有较高的黏度范围，在 30℃ 下通常为 $90 \sim 2500cP$，而 DLP 树脂则为 $50 \sim 1200cP$[5]。

可用于测量黏度的表征技术为毛细管黏度计和孔/杯黏度计。

毛细管黏度计通常用于确定牛顿流体（如液态树脂）的黏度。通过测量一定量的树脂流经已知直径和长度的毛细管所花费的时间来确定树脂的黏度[6]。对于树脂的层流，树脂的运动黏度与毛细系数和测量的时间成线性关系。树脂流的驱动力是重力，使用重力拉动作为驱动力的优点是可靠性高，而局限性在于它不适用于高黏度样品。使用标准毛细管有多种变体，可以将它们分为直流毛细管和逆流毛细管。直流毛细管（如奥氏（Ostwald）、乌氏（Ubbelohde）和佳能（Cannon-Fenske）毛细管）的储液罐位于测量标记下方，而逆流毛细管（如侯氏（Houillon）和 BS/IP/U 管）的储液罐位于测量标记的前面，逆流毛细管通常具有第三个测量标记，可改善测量的可重复性并允许使用不透明的液体[7]。图 5.5 显示了毛细管的一些示例。

ASTM D446 提供了使用黏度计时操作的详细说明。这些标准还讨论了黏度计校准和黏度计算。

ASTM D446《玻璃毛细管运动黏度计的标准规格和操作说明》，本标准规定了广泛用于测定运动黏度的玻璃毛细管黏度计的规范、说明、校准程序和基本计算公式。覆盖了 Ostwald 黏度计、悬浮液位黏度计和逆流黏度计。

与毛细管黏度计类似，孔口黏度计利用重力将树脂拉过位于底部的孔口。ASTM D4212—16 提供了使用杯式黏度计进行黏度测量的测试程序的详细说明。

ASTM D4212—16《浸入式杯黏度测试的标准方法》，本试验方法给出了关于使用浸入式黏度杯确定油漆、清漆、油墨和相关液体材料的黏度的信息。适用于测试牛顿和近牛顿液体。本试验方法适用于工厂或实验室内的黏度控制工作。

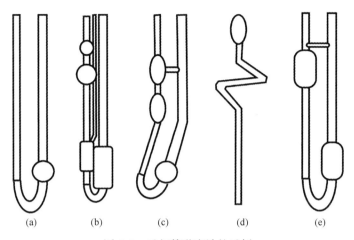

图 5.5　毛细管黏度计的示例

(a) 奥氏；(b) 乌氏；(c) 佳能；(d) 侯氏；(e) BS/IP/U。

这是一种简单的技术，只需要一个孔口黏度计、温度计和一个秒表即可。首先将黏度计浸入液体树脂中将杯子充满。需要注意的一些预防措施是：确保将杯子浸入时没有产生气泡，并确保杯子中的树脂温度与缸内温度相同；然后将杯子从树脂表面缓慢提起，杯子离开表面时启动秒表。树脂流破裂并从连续流变为单个液滴时停止秒表。按照 ASTM D4212—16，黏度测量必须至少重复两次，并且结果之间的差异应小于 11%。图 5.6 是连续流动变化为单个液滴的示意图。

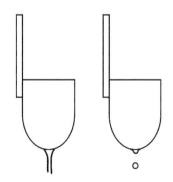

图 5.6　在孔口黏度计中连续流变成单个液滴

5.2.2　表面张力

液体的表面张力是液体分子在界面处的分子间吸引力（内聚力）不平衡的结果。与液体中的其他分子不同，界面处的分子在所有面上都没有其他相似的分子，从而导致净的内向拉力，该力倾向于将分子拉回到大团液体中，从而在界面处保留最少数量的分子。在热力学中，表面张力是用单位面积改变液体表面尺寸所需的功来测量的。表面张力的国际单位为 N/m。但是，更常用的是 dan/cm（1dan = 10^{-5}N）。

液基体系中树脂的表面张力在决定其在各种工艺中的可印刷性方面起着重要的作用。对于 SL 和喷墨印刷，树脂的表面张力决定了其在基材上的润湿性能。当基材的表面张力远高于树脂的表面张力时，预期润湿性能会更好[5]。这对于像 ABS 这样的聚合材料尤其重要，因为聚合物往往具有较低的表面张力，这可能导致不良的润湿行为。除了影响润湿特性，树脂的表面张力还会影响喷墨打印中树脂通过喷嘴的喷射技术。若树脂表面张力太高，则执行机构无法将树脂通过喷嘴喷射。但是，若树脂表面张力太低，则液体会从喷嘴中喷出飞溅物，而不是黏聚的液滴，这对于良好的打印至关重要。此外，树脂的表面张力还决定了从喷嘴出来的液滴尺寸。为了实现最佳操作，喷墨打印技术的推荐表面张力约为 30dan/cm，而 SL 的推荐表面张力为 30~42dan/cm[5]。可以通过在树脂制剂中添加表面活性剂以降低树脂的表面张力来改善喷射。

可用于测量表面张力的表征技术为[8]毛细管上升法、滴重计法和威廉平板法。

顾名思义，毛细管上升法利用细管中液柱的上升/下降现象来确定表面张力，这是最古老的表面张力测量技术之一。通常毛细管由玻璃制成。为了精确地测量表面张力，毛细管的直径必须足够小，以确保液–气界面处的半球形弯月面，然后可以使用以下公式确定表面张力，即

$$\gamma = \frac{rh\rho g}{2\cos\theta}$$

式中：r 为细管的半径；h 为液柱的上升/下降；ρ 为树脂的密度；g 为重力拉力；θ 为接触角。毛细管上升方法如图 5.7 所示。

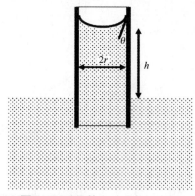

图 5.7　毛细管上升法的示意图

滴重计法又称液滴重量法，通过称量从尖端流出的液滴重量来测量表面张力，如图 5.8 所示。该方法的基本原理基于表面张力和砝码的力平衡。当液滴的重量达到表面张力的大小时，悬垂液滴开始从尖端分离。理想情况下，液滴应完全从尖端掉落，但实际上仍保留了部分液滴。因此，通常在计算表面张力时引入校正因子。重要的是要注意校正系数取决于所测试的液态树脂，通常使用以下公式：

$$\gamma = \frac{mg}{2\pi r f}$$

式中：m 为液滴重量；g 为引力；r 为液滴的半径；f 为校正因子。滴重计法如图 5.8 所示。

威廉平板法可用于测量液体的表面张力、液体与固体之间的接触角。通常使用重量为 W、宽度为 L 的干净的玻璃/铝板来测量液固界面张力和液液界面张力。威廉平板法如图 5.9 所示。

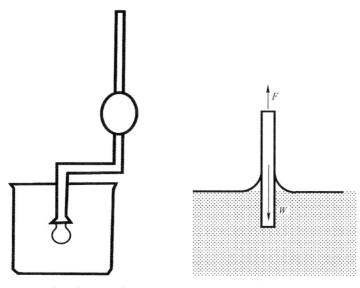

图 5.8　滴重计法的示意图　　　图 5.9　威廉平板法的示意图

通常使用张力计来测量拉动板直至从水表面脱离所需要的力 F。当板表面完全潮湿时，可以使用以下公式计算表面张力，精度为 0.1%，即

$$\gamma = \frac{F-W}{2L}$$

可以在 ASTM D1331—14 方法 C 中找到操作程序的完整说明。根据标准，至少应记录两次测量值。当表面张力测量值的变化很大时，应记录更多的测

量值。

ASTM D1331—14：《用于测量涂料、溶剂、表面活性剂和相关材料的流体表面和界面张力的标准试验方法》：方法 C 表面张力的威廉平板法。该试验方法提供了有关液体材料（包括树脂溶液）的表面张力测定的信息。它不需要浮力校正，并且适合中等黏度（1~10Pa·s）的溶液。

5.2.3 固化特性

液态树脂的化学成分以单体形式存在，由双键组成。在固化过程中，树脂单体经过聚合过程，双键消失，形成稳定的交联键。在基于液体的系统中，紫外线通常用于引发光化学反应，从而使树脂固化。此过程涉及将液态树脂转化为固化树脂的过程（固化的速度和深度）且受许多因素影响，这些因素包括照射强度和光谱范围、固化区域的厚度、光源与基材之间的距离、基材的透明度等。

已经使用了几种方法来研究液态树脂的固化特性，这些方法是差示扫描量热法（differential scanning calorimetry，DSC）、动态力学分析（dynamic mechanical analysis，DMA）和傅里叶变换红外光谱（fourier transforms infrared spectroscopy，FTIR）。

DSC 测量由光固化反应产生的热量，通过测量该热量可以确定反应发生时的固化程度。DSC 用于获取与各种热过程有关的热量的数据，即其内热或放热。DSC 测量是使用衬管温度斜坡动态进行的。样品以恒定速率（10K/min）加热和冷却，样品的不同重要参数测定为温度的函数。通常进行两次加热。第一次运行中的测量值用作质量控制的基准，以消除由处理条件引起的样品的热经历记录。第二次运行中的热经历记录可以使用第一次运行中获得的数据。DSC 甚至可以测量较少的样品、结晶峰温度 T_g、熔化峰温度 T_m、熔化焓 D_{Hm}、结晶焓 D_{Hc}，用加热时的结晶度来测量玻璃化转变温度 X_m 和冷却时的结晶度 X_c。

因为可以测量许多吸收带，所以 FTIR 比 DSC 提供更多的化学信息。DMA 是一种使样品产生周期性的小变形来确定材料性能的技术[9]。它可以测量树脂的模量，从而在固化材料的性能与固化程度间进行关联。将已知频率的振荡力施加到样品上，并记录所得的变形和相位滞后以获得模量信息。通常，样品可以承受恒定的应力或恒定的应变。对于液态树脂，可以使用支撑结构（如玻璃纤维编织物）来完成 DMA。当施加正弦力时，获得的信息可以表示为同相分量、储能模量和反相分量、损耗模量。计算出的模量可用于推断树脂的固化程度，该测试方法的一般说明可以在 ASTM D4473—12 中找到。

ASTM D4473—12《塑料标准试验方法—动态力学性能—固化特性》，该方法涉及了通过使用动态机械振荡法来测定和报告热固性树脂固化行为的热进展。根据惯例 D4065，它提供了一种通过自由振动以及共振和非共振受迫振动技术确定热固性树脂在一定温度范围内的固化性能的方法。

　　FTIR 用于获取物质吸收带的红外光谱。在 FTIR 中，可以通过监测树脂单体中的化学键对红外辐射的吸收光谱的变化来确定树脂的固化特性。在典型的 UV 固化键形成过程中，随着更多的双键转化为单键，树脂的吸收光谱在某些波数附近显示出递减的峰。每个峰是树脂单体吸收的结果，并且每个峰的波数对应于分子的键振动模式之一。通过监测吸收光谱的相对峰面积，可以确定固化运动和过程以及反应中间体。

5.2.4　热稳定性

　　老化是液态树脂材料的重要方面。随着树脂的老化，树脂的流变性和化学组成将发生变化。黏度的增加是树脂物理和化学老化的结果。因此，评估树脂热稳定性的一种粗略而简单的方法是监测树脂的黏度变化。黏度测量技术已在前面进行了讨论。也可以通过使用 FTIR 和反相气相色谱法（inverse gas chromatography，IGC）确定理化变化[10]。在 IGC 中，将探针以恒定的载气流速注入色谱柱中，然后通过气相色谱检测器测量树脂蒸气的保留时间。通过了解保留时间，可以使用诸如探针分子大小和浓度之类的信息来推断树脂的理化性质。IGC 是一种非破坏性方法，仅评估树脂表面的性能。因此，FTIR 通常用于获得更灵敏和准确的结果。前面已经讨论了通过 FTIR 检测树脂的化学变化，但重要的是要注意 FTIR 并不是定量方法，因此应仔细分析结果。

5.2.5　液体外观

　　液态树脂具有不同的外观形貌，通常可描述为透明、半透明或具有不同的颜色，如表 5.1 所列。

表 5.1　液态树脂外观示例

技　　术	材　　料	外　　貌	参 考 文 献
SLA	Somos 9920	透明琥珀色	[11]
复喷（喷墨打印）	R GD720	透明	[12]
	R GD837	白色	
	R GD875	黑色	
	R GD836	黄色	
	R GD841	青色	
	R GD851	品红	

外观评估是评估液态树脂质量的简便方法。颜色的变化表示为树脂对可见光的波长吸收的变化。因此，评估树脂的外观以评定树脂的质量可能很重要，因为变化可能表明原料中有由于加热和氧化引起的过程变化或暴露于风化条件下的产品随着时间流逝而降解导致污染或杂质。目前没有专门针对液态树脂的标准测试方法。但是，通过将样品与已知标准进行比较已经建立了视觉测试。客观的测量也可以使用彩色分光光度计完成，该分光光度计可以始终如一地提供可靠的数据。ASTM 1544 和 ASTM 5386 提供了一些有关评估任何液体材料颜色的标准方法的信息。

ASTM D1544—04《试验—透明液体颜色的标准试验方法（加德纳色标）》，该标准提供了一种通过与任意编号的玻璃标准进行比较来评估透明液体颜色的标准测试方法。该技术是一种简单的方法，因为它只需要人工判断，不需要任何复杂的设备。

ASTM D5386—10《使用三色比色法测定液体颜色的标准试验方法》，该标准涉及了测定透明液体颜色的三色比色计的仪器使用方法。它提供有关所需仪器、标准程序和仪器校准的信息。在铂钴系统中，测量值转换为颜色等级。

5.2.6 液体密度

液体树脂的密度可以按 ASTM D3505 来测定。首先将树脂样品吸入已知重量的校准双毛细管比重计中；然后在温度达到 20℃ 左右时测量树脂的重量；最后用树脂重量计算出树脂的密度。

ASTM D3505—12《纯液体化学品密度或相对密度的标准试验方法》，该标准给出了一种用于测量纯液体化学品的密度和相对密度的简化方法。通常用于已知性能的材料，但是也可用于未知热膨胀性能的材料。它提供有关适用设备、标准程序以及设备校准和密度计算的信息。

材料的安全事项包括原材料的生产应是无害的。需要强有力的方法和检验技术来证明增材制造原材料的性能。

5.3 固体材料表征技术

5.3.1 丝材直径的一致性

FDM 原料以细丝形式存在。最常见的 FDM 丝材平均直径为 1.878mm，部分直径仍可达到 3mm。理想的长丝在整个长度上直径应均匀。然而在实际制造过程中，直径的变化是不可避免的。所以规定平均直径及其变化同样重要，并且会影响挤出过程[13]。直径不均匀会导致原料进料不正常甚至堵塞喷嘴。因此确保丝材直径的一致性很重要。可以使用游标卡尺、螺旋千分尺或任何其他精度优于±0.005mm 的测量设备来进行丝材直径的测量。

5.3.2　密度

密度定义为每单位体积的质量。热塑性长丝的密度可以通过两种方法确定：①阿基米德原理；②密度梯度技术。

为了使用阿基米德原理来测量密度，在将样品浸入已知密度的液体之前，先在空气中称重，然后在液体中再次称重相同的样品。塑料样品的密度可以计算为

$$\rho = \frac{A}{B} \cdot \partial$$

式中：ρ 为固体的密度；A 为空气中固体的重量；B 为液体中固体的重量；∂ 为液体的密度。建议在（23±2）℃和（50±10）%相对湿度下进行测定。如果未在23℃下进行测定，那么可以使用校正表来校正测试液体的密度。该技术的详细信息规定于标准 ASTM D792。

ASTM D792《用位移法测量塑料密度和比重（相对密度）的标准试验方法》，该标准涉及了用于确定固体塑料比重和密度的方法。

密度梯度测试方法旨在获得精度优于 0.05%的结果。该方法需要进行梯度管制备。密度未知的样本用两个已知能将其密度包容其中的密度（A 和 B）的样本浮标。任意水平上的浮标（y 和 z）和样品（x）的高度是使用一条通过其体积中心的线进行测量的。可以使用以下公式计算样品的密度。

$$\rho = A + \frac{(x-y)(B-A)}{(z-y)}$$

该方法的详细信息规定于标准 ASTM D1505。

ASTM D1505《通过密度梯度技术对塑料进行密度测试的标准方法》，该标准概述了固体塑料密度的确定，方法是在已知密度的参考下，检查试样以不同的梯度浸没在液柱中的位置。

5.3.3　孔隙率

孔隙率是细丝中的空隙含量，以百分比表示。长丝的空隙含量可能会显著影响其某些力学性能。较高的空隙含量通常会导致较低的抗疲劳性，更易渗水和老化，以及强度特性的更大偏差。有关空隙含量的信息可用于评估长丝的质量。可以通过两种方法确定长丝的孔隙率，它们是①断层扫描；②基质去除法。

在断层扫描时，需在丝材上弄出一个平整的横断面，然后放在光学显微镜下进行观察[14-15]。孔隙率被计算为空隙的面积与长丝横截面面积中的材料的面积之比。

基质去除法通常用于确定复合材料长丝的空隙率。ASTM 3171 详细介绍了进行测试的程序。

ASTM 3171《复合材料成分含量的标准试验方法》，该试验方法通过溶解或燃烧来确定复合材料的成分含量。它还允许以百分比计算空隙体积。

ASTM 3171 的测试方法 I 假设在基体去除过程中增强材料保持不变。有几种基质去除过程，即通过溶解和燃烧。在溶解过程中，基质材料被溶解，剩下的残留物即增强物。然后将增强材料过滤、洗涤、干燥、冷却并称重。增强物的质量分数是计算值，并且如果知道复合材料和增强物的密度，那么可由质量分数计算体积分数。如果基质的密度已知或已测定，那么还可以计算出空隙体积：

$$V_v = 100 - (V_f + V_m)$$

式中：V_v 为空隙体积；V_f 为纤维体积；V_m 为基质体积。

酸溶法被 Chuang 等用于检查原样填充纤维的长丝的孔隙率[16]。孔隙率为负值，这很可能是由于测量误差所致。

5.3.4 含水量

含水量会影响熔融黏度，进而可能影响 FDM 中的打印质量[17]。含水量低的 FDM 热塑性长丝通常会生产出具有更好打印质量的零件[18]和更好的力学性能[19]。水的存在也可能会影响复合材料长丝中增强材料与基体材料之间的黏结[20]。热塑性塑料的平衡含水量随相对湿度的增加而增加，可以通过在适当的相对湿度下在受控环境中调节热塑性塑料的含水量来进行控制。热塑性塑料含水量的定量测定可以采用 ASTM D6980 所述的重量损失法。

ASTM D6980《通过重量损失测定塑料含水量的标准试验方法》，该试验方法可通过使用精度低至 50mg/kg 的减重技术来测定水分。它可以用于大多数塑料。此测定应使用测量灵敏度达到 0.0001g，且拥有能补偿由于对流引起的升力能力的湿度分析仪。首先将 20~30g 的测试样品放在湿度分析仪的样品台上，然后根据湿度分析仪的指示进行测定。试验温度很重要，它是通过在其他参数保持不变的情况下，单纯温度升高的试验来测定的。绘制一条含水量随温度变化的曲线图，并从中选择出含水量保持较低且恒定的平均温度。但是，此技术可能会高估含水量，尤其是对于挥发性比水高的材料。用于选出最佳试验温度的典型曲线如图 5.10 所示。

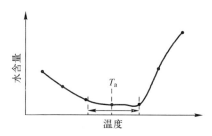

图 5.10　用于定量热塑性塑料含水量的最佳测试温度
（箭头表示水含量低且恒定的温度范围，T_a 是确定水分的测试应选择的平均温度）

5.3.5　热性能

　　热性能，如热稳定性、熔点和玻璃化转变点是 FDM 中的重要性能，因为 FDM 工艺涉及热塑性塑料的熔化。众所周知，热塑性塑料会在高温下降解。因此，重要的是研究热塑性塑料在 FDM 的工作温度下的热稳定性，该温度通常是热塑性塑料的熔点。用于热降解研究的技术包括热重分析（thermogravimetic analysis，TGA）和差示扫描量热法[21]。

　　TGA 提供有关降解速率的信息。在 TGA 中，通常在惰性气氛下以等温或恒定速率加热毫克级的样品，然后随时间或温度变化跟踪样品的质量。降解速率取决于温度升高的速率，在任何分析都必须考虑到这一点。排放的气体也可以通过质谱或红外光谱进行分析，以提供有关降解的更多信息。为了更准确地确定发生降解的温度，绘制了质量损失与温度的曲线，其中曲线的峰值是降解速率最高时的曲线。这种方法称为差示热重量分析法（differential thermogravimetry，DTG）。

　　玻璃化转变温度 T_g 可用于表征热塑性塑料、热固性材料和半结晶材料的许多重要物理属性，包括其热经历、加工条件、物理稳定性、化学反应的进展、固化程度以及力学和电学特性。有两种方法可以确定热塑性塑料丝材的玻璃化转变温度：①动态力学分析；②差示扫描量热法。

　　根据 ASTME1640，通过动态力学分析测定玻璃化转变温度。

　　ASTM E1640《通过动态力学分析测定玻璃化转变温度的标准试验方法》，该方法规定了使用动态力学分析测定弹性模量在 0.5MPa～100GPa 范围内的材料的玻璃化转变温度的程序。

　　将已知几何形状的样品置于给定的或共振频率的机械振动中，并监控材料的黏弹性响应随温度的变化。在理想条件下，在加热过程中，玻璃化转变区域的标志是储能模量迅速下降。试样的玻璃化转变由储能模量下降点外推，这标志着从玻璃状到橡胶状固体的转变。用于确定 DMA 中玻璃化转变温度的典型曲线如图 5.11 所示。

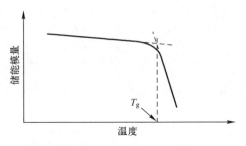

图 5.11　使用 DMA 测定玻璃化转变温度的曲线

在研究连续碳纤维增强聚乳酸复合材料的配方中，分析了其动态储能模量和损耗角正切，以获得玻璃化转变温度[22]。通过在损耗角正切曲线的峰值处找到相应的温度来获得玻璃化转变温度。

测定玻璃化转变温度 T_g 的差示扫描量热法参照 ASTM D3418。

ASTM D3418《差示扫描量热法测定聚合物的转变温度、熔化焓和结晶焓的标准试验方法》，该方法对可以从中获得适当的样品的任何形式的聚合物均有效。

在受控的吹扫气流量下，以受控的速率加热或冷却 10mg 的测试材料。使用合适的传感设备记录由于材料中能量变化而导致的参考材料和测试材料之间的热输入差异。执行初步的热循环以消除以前的热经历影响。通过以 20℃/min 的速率将测试材料从 50℃ 在熔融温度下加热至高于熔融温度 30℃ 来进行。为了记录加热曲线，将相同的测试材料冷却到低于估计的转变温度至少 50℃。保持温度 5min 后，以 20℃/min 的速度进行加热。可以将玻璃化转变温度确定为外推起始温度和外推终止温度之间的中点温度。图 5.12 显示了使用差示扫描量热法测定 T_g 的典型曲线图。

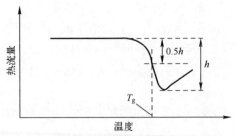

图 5.12　使用 DSC 测定玻璃化转变温度的曲线

为研究聚合物层状硅酸盐纳米复合材料的热特性[23]，Francis 和 Jain 进行了 TGA 和 DSC 分析。在另一项研究中，TGA 用于研究聚醚酰亚胺 1000 丝材起泡的原因[16]。TGA 能够确定聚醚酰亚胺树脂颗粒中的含水量。

5.3.6 复合丝的微观结构

微观结构决定了材料的力学性能。微观结构分析对复合丝材尤为重要，在复合丝材中，增强材料和基体材料之间的界面特性值得关注。扫描电子显微镜用于观察增强材料和基体材料之间的相互作用[8]。首先通过等离子溅射的方式在样品上涂上一层薄薄的金，以消除表面上的电荷效应，然后使用导电胶带将其固定在扫描电子显微镜腔室的载物台上，抽出空气至低压，可以拍摄分辨率高达几纳米的扫描电镜图像。

图 5.13 显示了连续碳纤维增强热塑性塑料在不同放大倍数下的两张扫描电镜图像。在图 5.13（a）中可以清楚地观察到碳纤维与热塑性基质之间的界面。在图 5.13（b）中，可以发现丝材的基质和纤维，并且在丝材的中心也有空隙。

图 5.13 （a）放大 100 倍和（b）放大 250 倍的 Markforged 碳纤维复合丝的扫描电镜图

在 Gardner 等的著作中使用连续溶液涂覆法制备了由可渗透碳纤维制成的可打印碳纳米管丝材[24]。将制成的复合丝材置于扫描电镜下，以检查树脂是否从束间空间中浸湿。可以使用扫描电镜观察涂层的均匀性。在另一项研究中，开发了由石墨和 ABS 在 N-甲基吡咯烷酮中制成的石墨烯复合材料[25]。拍摄扫描电镜图像以观察石墨烯片材在 ABS 基质中的掺入。

5.3.7 丝材的力学性能

丝材的力学性能很重要，不仅因为它们决定了打印部件的力学性能，而且还影响了 FDM 的可加工性。热塑性塑料不能太脆，否则，丝材很容易折断，从而导致打印过程失败。可以获取诸如拉伸强度和应变、扭转强度和应变的丝材力学性能。

在拉伸试验中，以 0.00381 ~ 0.381mm/s 的恒定速度在拉伸机中拉长 380mm 的试样，提供的应变速率为 $10^{-5} \sim 10^{-3} \mathrm{s}^{-1}$。拉伸特性如弹性模量 E，屈服强度 σ_{ys} 和应变 ε_{ys} 的值可以从数据中获取。E 是根据应力-应变曲线的斜率梯度计算的，σ_{ys} 是测试过程中达到的最大应力，ε_{ys} 是最大应力下的对应应变。FDM 丝材的拉伸性能可以按 ASTM D638 中规定的拉伸试验测定。

ASTM D638：塑料拉伸性能的标准试验方法。该测试方法包括对厚度不超过 14mm 的标准哑铃形非增强和增强塑料进行拉伸测试的程序。

发现丝材的直径越大，丝材的拉伸强度和模量越低[26]。丝材拉伸试验的示意图如图 5.14 所示。

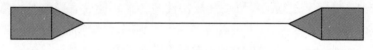

图 5.14　丝材拉伸试验示意图

准备长度为 228mm 且横截面均匀的试件用于扭转试验[9]。丝材扭转试验装置如图 5.15 所示。

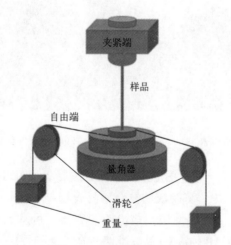

图 5.15　丝材扭转试验装置

选取多个质量值进行悬挂，并用量角器在样品的自由端测量角度的变化。每个质量值至少需要取 3 个样品的 5 个读数。在测定期间收集扭矩 T 和转角 $\Delta\theta$ 数据后，G 可以通过以下关系计算。

$$\frac{T}{J} = G\frac{\Delta\theta}{L}$$

式中：J 为横截面积的极惯性矩。

5.3.8 熔体流动性

熔融热塑性塑料的流动性在 FDM 技术中非常重要，其流动性在很大程度上取决于熔融热塑性塑料的黏度。黏度太小的热塑性塑料将难以形成所需的形状，而黏度太大的热塑性塑料将难以从喷嘴中挤出。熔体流动指数用于确定流经 FDM 机器的长丝流量[27-29]。通常熔体流动指数与黏度成反比[30]。

ASTM D1238《用挤出塑性仪测定热塑性塑料熔体流动速率的标准试验方法》，该方法概述了使用挤出塑性仪确定熔融热塑性树脂挤出速率的方法。

ASTM D1238 的程序 A 可以用作通过挤出塑性仪确定热塑性塑料熔体流动速率的指南。它基于在给定时间内从负载活塞中挤出的物料质量的度量。度量单位是材料的克/10 分钟（g/10min）。它通常用于熔体流动速率在 0.15g/10min 和 50g/10min 之间的材料。FDM 通常可以挤出熔体流动指数约为 2.41g/10min 的材料[31]。

5.4 粉末材料表征技术

用于增材制造工艺的粉末有一定的要求，这对构建过程的成功至关重要。粉末颗粒的尺寸分布、形态、化学成分、流动性、密度和激光吸收率是一些最重要的特征，会影响已制成零件的质量。下面将介绍每种粉末特性的测量方法。

5.4.1 粉末尺寸测量

粉末的粒径直接影响增材制造零件的层厚度和最小特征尺寸。较小的粉末颗粒可实现更薄的层厚度、更小的最小特征尺寸和更好的表面粗糙度。采集样品后，可以使用以下几种方法之一确定粉末尺寸分布：

（1）显微镜检查；

（2）筛分；

（3）重力沉降；

（4）光散射。

测量粉末尺寸的第一种方法是使用显微镜技术，如光学显微镜、扫描电子显微镜和透射电子显微镜。这些技术使人们可以直接看到并测量粉末颗粒的各种尺寸。

第二种方法是使用一系列具有不同筛孔的筛子将粉末分成不同的尺寸。

ASTM B214—07《金属粉末筛分分析的标准试验方法》，该试验方法涉及了使用尺寸在 $45\sim1000\mu m$ 之间的筛子对金属粉末或混合粉末进行干筛分析。

筛子从顶部到底部按照网孔减小的顺序排列，并在全套筛子的下方放置一个收集盘，整个筛子与之相连的振动筛运行 15min 并引起筛分作用。

第三种粒度确定方法基于重力沉降。

ASTM B761—06《用重力沉降的 X 射线监测金属粉末和相关化合物的粒度分布的标准试验方法》，该试验方法适用于密度分布和组成均匀、粒径分布在 $0.1\sim100mm$ 之间的颗粒。报告的粒度测量值是实际颗粒尺寸和形状因子以及所测量的特定物理或化学性质的函数。

在这种方法中，水平准直的 X 射线束穿过包含不同大小粉末颗粒的液体悬浮液后，对其衰减进行测量。最初，粉末颗粒通过循环均匀混合，并且 X 射线的衰减最大。一旦停止循环，所有粒子开始沉降到底部，较大的粒子以比其他粒子更快的速度下沉，如图 5.16 所示。在层流状态下，颗粒的沉降速度计算可以通过斯托克斯方程与等效斯托克斯直径直接相关。因此，如果可以在低雷诺数流量下获得颗粒的沉降速度，那么可以确定粒径。由于 X 射线束到圆柱顶部的垂直距离是已知的，因此从 X 射线衰减图可以获取不同大小的粒子从圆柱顶部沉到 X 射线所需的时间，并可计算出粒子速度。因此，也可以获得粒径分布。

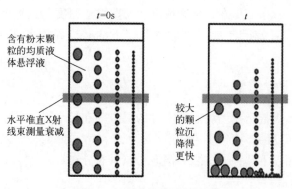

图 5.16　重力沉降法示意图

最后一种方法使用从粉末颗粒散射的光中包含的信息来测量尺寸。

ASTM B822-10《通过光散射测定金属粉末和相关化合物粒度分布的标准试验方法》，该试验方法涉及了通过光散射（以体积百分比报告）对包括金属和化合物在内的颗粒材料进行粒径分布的测定。它适用于使用溶液和非水溶液进行分析。此外，还可以使用气溶液对吸湿性或与液体载体发生反应的材料进行分析。该标准适用于测定 0.4～2000μm 范围或其子集的颗粒状材料的粒径分布。

散射既可以通过在液体介质中分散粒子并使其通过光束循环来实现，也可以通过将干粒子吸入载气中来实现。散射的光被光电探测器阵列捕获，然后将其转换为电信号进行处理。根据米氏散射或弗劳恩霍夫衍射理论，可以将收集的信号转换为尺寸分布数据。

5.4.2　形貌

粉末颗粒的形态和形状影响其流动性和粉末颗粒的堆积。流动性差的粉末颗粒在粉末床熔融技术（如 SLS 和 SLM）中可能无法均匀分布。低堆积密度的不规则形状的颗粒在 SLS 工艺中可能导致较低的零件密度。可以使用对颗粒形状的定性描述或代表颗粒某种特征的定量数来评估颗粒的形貌。

在定性粉末形貌表征方法下，对观察到的颗粒的轮廓进行适当的描述，这是表征颗粒形状的最简单方法。为了建立描述不同颗粒形状的通用方法，ASTM B243-11 中定义了如表 5.2 所示的一系列术语。

表 5.2　ASTM B243-11 中描述粉末形状的术语

术　　语	定　　义
针状	针形
薄片	扁平或鳞片状，厚度比其他尺寸小
粒状	大约等维的非球形形状
不规则	缺乏对称性
针	细长且棒状
结节状	不规则，打结，倒圆或类似形状
血小板状	由厚度相当大的扁平颗粒组成
盘状	具有相当厚度的金属粉末的扁平颗粒
球形	球状

定量表征方法使用单个数字来描述颗粒的某些特征，并且可以将其进一步分为 4 类：尺寸、球形度、圆球度和周长。应该注意的是，单数字分类的缺点是：对于某些特征，具有不同形态和形状的粒子可能最终具有相似的数。因此，不可能根据给定的单个数值重建粒子的形状。

在尺寸分类中，可以使用三个正交轴的长度以及表 5.3 中的公式 1～5 来计算大颗粒的特性。

另外，仅需二维即可充分表征小颗粒的形态。例如，一旦获得了粒子的长度和宽度，如使用粒子的轮廓，就可以使用表 5.3 中的公式 6 和 7 来计算长度比和投影面积比。球形度是衡量粒子与球形相似度的度量，可以使用表 5.3 中的公式 8 或 9 中的任一个轻松计算。

圆度是颗粒计光滑度的一种度量，可以使用表 5.3 中的公式 10 计算。表 5.3 公式 10 中使用的曲率半径 r、沿粒子轮廓的突出总数 N 和公式中使用的最大内接圆半径 R 在图 5.17 中示出。

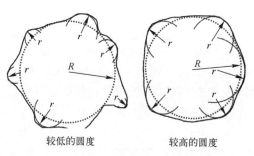

较低的圆度　　　　　较高的圆度

图 5.17　沃德尔用于获取圆度值的技术示意图

表 5.3 中的公式 11 和 12 也可以用来表征圆度。这些公式的输入，如粒子的最大长度 L 和宽度 B 如图 5.18 所示。

最后一个参数是颗粒的圆球度，可以使用广泛接受的表 5.3 中的公式 13 计算此参数用于测量粒子与圆形轮廓的相似度，本质上类似于球形度。

表 5.3　与粒子形态的单个参数表征有关的公式

序号	公　　式	描　　述	类别	参考文献
1	$\frac{L+I}{2S}$	平面度指数	尺寸	[32]
2	$\frac{I}{L}, \frac{S}{I}$	纵坐标和横坐标表示形状的图形	尺寸	[32]
3	$\frac{I\times100}{L}$	延伸	尺寸	[32]
4	$\frac{S\times100}{L}$	平整度	尺寸	[32]
5	$\frac{S}{L}$	平整度	尺寸	[32]
6	$\frac{L}{B}$	长度比	尺寸	[33]

续表

序号	公　式	描　述	类别	参考文献
7	轮廓投影面积/矩形 BL 的面积	投影面积比	尺寸	[33]
8	圆的直径等于粒子轮廓的直径/外接粒子轮廓的最小圆的直径	球形度	球形度	[34]
9	4π×粒子轮廓面积/粒子轮廓周长的平方	球形度	球形度	[35]
10	$$\dfrac{\sum\limits_{i=1}^{N} r_i}{RN}$$	圆度	圆度	[36]
11	4×最凸部分的曲率半径/$(L+B)$	圆度	圆度	[37]
12	2×最凸部分的曲率半径/L	圆度	圆度	[37]
13	粒子轮廓周长的平方/4π×粒子轮廓面积	圆度形状因数	周长	[37]

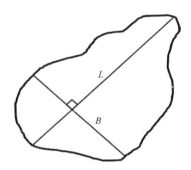

图 5.18　颗粒轮廓的最大长度 L 和最大宽度 B

5.4.3　化学成分

增材制造零件的力学特性和功能特性主要取决于材料成分。此外，在粉末床熔融工艺中使用的粉末的质量也会随着再利用和再循环而降低。因此，重要的是定期评估粉末的组成。化学成分分析的方法可以分为微量分析、表面分析和本体分析。

能量色散 X 射线光谱法是一种微分析方法，该方法使用 X 射线束激发被分析样品中的电子。激发会导致电子从原子上脱离或被提升到更高的能级。无论哪种方式，都会在曾经有电子的能级上产生一个空穴，该空穴最终将被更高能级的电子填充。当电子从外层跌落到内层上的空穴时，会发出能量等于两个能级之差的 X 射线，然后由能量色散光谱仪捕获。由于发出的 X 射线的能量是唯一的，因此可以识别不同的元素。图 5.19 显示了 X 射线强度与能量的关系图，其中各个元素都标记在不同的能量峰上。每种元素的相对含量（重量或原子百分比）是使用峰的强度来计算的。该元素组成的测量也可以类似地使用电子束代替 X 射线束进行。

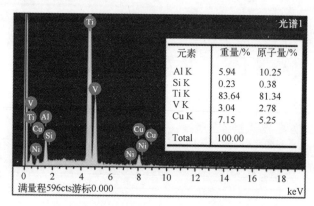

图 5.19　能量色散 X 射线光谱测量的输出

表面分析方法包括原子发射光谱法、X 射线光电子能谱法和二次离子质谱法。在原子发射光谱学中，原子的激发是通过以火花、火焰、等离子或电弧的形式传递能量来实现的。被激发的原子发出各种波长的光，然后对其进行收集和分析。由于发射光的能量和波长对于每个元素都是唯一的，因此可以通过这种方式进行识别。样品的组成可以从峰的强度确定。

X 射线光电子能谱法使用单色 X 射线入射束将电子从样品表面的原子中射出。随后，测量光电子的动能并用于计算其结合能。通过能量守恒，入射 X 射线的能量必然等于光电子的动能和结合能之和。一旦知道结合能，就可以将其与相应元素的特定能级匹配。像所有以前的方法一样，结合能决定元素，而强度决定组成。

在二次离子质谱仪（secondary ion mass spectrometry，SIMS）中，一次离子束入射在样品表面上以激发出用于分析的二次离子。二次离子的质量通过质量分析仪获得，随后用于鉴定样品表面上存在的元素、同位素或分子。图 5.20 显示了 SIMS 的工作原理。该技术可以高灵敏度地检测元素周期表中的所有元素，范围从百万分之几到十亿分之几。

本体分析方法包括 X 射线衍射、X 射线荧光、惰性气体聚变、原子吸收光谱法和电感耦合等离子体发射光谱法。在 X 射线衍射中，入射的 X 射线从样品中的原子平面上反射并相互作用，而产生干涉图样。当两个相互作用的 X 射线之间的光程差等于其波长的整数倍时，就会发生相长干涉，并在特定的掠

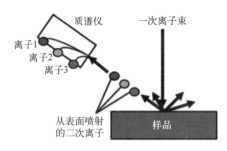

图 5.20　二次离子质谱图解

射角处检测到强烈的反射。由于 X 射线的波长和掠射角是已知的，因此可以使用布拉格定律来求解晶体材料内原子不同平面之间的垂直距离。一旦知道了不同平面的位置，就可以将原子定位在平面的相交点处。此晶格信息可用于识别相位。原子的 X 射线衍射示意图如图 5.21 所示。

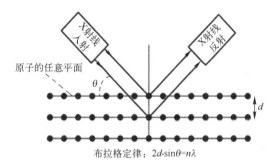

布拉格定律：$2d \cdot \sin\theta = n\lambda$

图 5.21　X 射线在原子平面上的反射示意图

X 射线荧光与能量色散 X 射线光谱法相同，其中一次 X 射线束入射到样品表面以发出二次 X 射线。二次 X 射线的能量是元素的特征，而强度表示元素浓度。

惰性气体熔融是一种用于量化金属样品中氧、氮和氢含量的技术，其步骤如下：第一步，将石墨坩埚在惰性气体流中加热至 3000℃ 去污；第二步，降低坩埚的温度；第三步，将样品放进热坩埚中并融化；第四步，熔融样品中的氮和氢元素以气体形式释放，而氧原子与石墨坩埚反应形成 CO 或 CO_2；第五步，检测器确定惰性气流中 CO、CO_2、N_2 和 H_2 的量，以评估样品中这些元素的原始浓度。

原子吸收光谱法依赖于原子中的电子吸收并发射特定波长的光的原理，该光是元素的特征。当连续光谱的辐射穿过雾化的样品时，某些波长的光将被吸收和消失。这导致吸收光谱中出现后面可用于元素识别的暗条纹。通过比较有雾样品和无雾样品时检测到的辐射通量的差异，可以使用比尔–朗伯特定律确定样品中的元素浓度。原子吸收光谱法的示意图如图 5.22 所示。

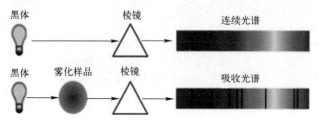

图 5.22　原子吸收光谱法的示意图

在电感耦合等离子体发射光谱中，通过将液体样品以 10000K 的频率加入等离子体中来实现原子激发。被激发的原子或离子随后通过发射具有元素特征能量的光子而释放到较低的能态。测定光子能量可以识别元素，而各种检测的强度可以给出有关每个元素浓度的信息。

5.4.4　流动性

粉末的流动性是粉末床熔融技术的重要特征。它影响每一层新铺粉的均匀性。较高的颗粒间摩擦力可能会导致流动性差，进而导致低的堆积密度和低的零件密度。流量计有两种类型，可用于测定粉末流量。

ASTM B213—11《使用霍尔流量漏斗测定金属粉末流速的标准试验方法》，此试验方法仅适用于可流经孔口为 2.54mm 的指定设备的金属粉末流量的测定。

ASTM B964—09《使用卡尼漏斗测定金属粉末流速的标准试验方法》，这些测试方法涉及了使用口径为 5.08mm 的卡尼漏斗测定不易流过霍尔漏斗的金属粉末和粉末混合物的流量测定。标准漏斗设计如图 5.23 所示。

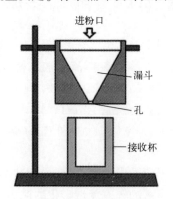

图 5.23　霍尔和卡尼流量计设计示意图

粉末流量可以使用静态或动态流量方法进行测量。前者是用干燥的手指堵住孔口将粉末倒入流量计。手指移开后开始测量，所有粉末流过后停止。在动态流动方法下，孔口在粉末加入过程中保持打开状态，时间从第一次看到粉末离开孔口开始，到所有粉末流过时停止。质量流速是用以克为单位的粉末质量除以以秒为单位的流动时间来确定的。体积流速可以用类似的方式，通过粉末的体积除以流动时间来计算。但是，粉末的体积将需要使用阿诺德（Arnold）流量计或密度测量部分所述的任何方法进行测量。

除流量计外，旋转粉末分析仪还可用于通过测量粉末的雪崩角来表征流动性。较低的雪崩角表明粉末的流动性更好[38]。在该测试中，将粉末放在带有透明玻璃面的圆柱形滚筒内，然后将滚筒旋转，并使用数码相机监控粉末的流动行为。由于滚筒旋转，粉末会沿着滚筒的侧面被带走，直到无法支撑其重量，形成雪崩。然后，通过测量粉末在粉尘进入最大位置之前的角度来计算雪崩角。雪崩角的示意图如图5.24所示。

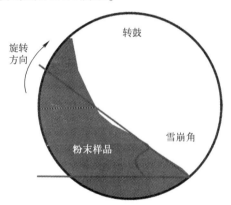

图 5.24　粉末雪崩角示意图

5.4.5　密度

粉末的堆积密度可能会对增材制造零件的最终主体密度产生重大影响。粉末可以测量 3 种不同类型的密度：①表观密度；②振实架振实密度；③骨架密度/有效密度。

表观密度是衡量粉末材料特性的重要指标，对粉末生产者和粉末使用者确定质量和批次间一致性非常有用。表观密度可以按 ASTM B212—09 使用霍尔流量计测量，该方法也用于流量测量。

ASTM B212—09《使用霍尔流量计漏斗的自由流动金属粉末表观密度标准试验方法》，该试验方法描述了测定自由流动的金属粉末和混合粉末的表观密度的程序。但是，它仅适用于通过指定的霍尔流量计漏斗自由流动的粉末。

使装入漏斗的粉末流入已知体积的收集杯中直到冒尖为止，用无磁刮铲除去多余的粉末，使剩余的粉末与容器顶部齐平。然后测量杯子中粉末的质量，并通过获取测量粉末质量与收集杯已知体积的比值来计算表观密度。

如图 5.25 所示，斯科特容量计是另一种可用于测量粉末表观密度的设备。与霍尔流量计相比，它具有附加的漏斗和挡板系列，以确保装入的粉末在进入集液杯之前会分离成松散的颗粒。表观密度的测量和计算步骤与上一节使用霍尔流量计完全相同。

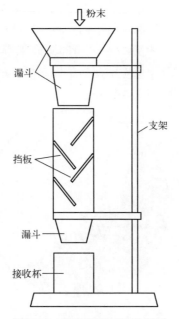

图 5.25　斯科特容量计的图示

表观密度也可以按 ASTM B7.3—10 的规定使用图 5.26 所示的阿诺德流量计进行测定。

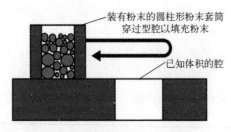

图 5.26　阿诺德流量计示意图

ASTM B7.3—10《使用阿诺德流量计测定金属粉末和相关化合物表观密度的标准试验方法》，该试验方法适用于自由流动和非自由流动的金属粉末、润滑粉末混合物和金属混合物。该测试方法模拟了给料刮板对粉盒的作用，给出了与生产装粉操作后模腔中粉末近似的表观密度值。

阿诺德流量计是一个中间带有一个已知体积的空腔的简单钢块。此外，它有一个用于粉末输送的套筒。首先将粉末装入套筒中，该套筒放在型腔旁边，然后将套筒滑过型腔，向其装填粉末，直到与钢块上表面齐平为止。然后测量空腔中的粉末，并通过取粉末质量与空腔的已知体积之比来计算表观密度。

测量振实密度的程序由 ASTM B527—06 给出。ASTM B527—06《测定金属粉末和化合物振实密度的标准试验方法》，该试验方法规定了一种用于确定金属粉末和化合物的振实密度（堆积密度），即在指定条件下为了稳定容器中的成分而敲击所形成的粉末密度。

首先将已知质量的粉末倒入带有容积标记的量筒中。然后，使用振实设备以每分钟 100 次和每分钟 300 次之间的速率对量筒进行振实。一旦粉末的体积稳定，可以通过计算已知质量与测定的稳定体积之比来获得振实密度。

粉末的骨架密度可以按 ASTM B923—10 中所述的氮气或氦比重瓶法进行测量。

ASTM B923—10《通过氦或氮比重瓶法测定金属粉末骨架密度的标准试验方法》，该试验方法涉及金属粉末骨架密度的测定。该试验方法规定了适用于许多商用比重瓶、比重仪的通用程序。该方法为所列材料提供了特定的样品除气程序。它还包括其他金属的一般除气说明。理想的气体定律是所有计算的基础。

首先将已知质量的粉末放入已知体积的样品室中，然后将其抽空至真空状态。接下来，将装有氦气或氮气的容器以已知的压力和体积释放到样品室中，以使惰性气体渗透到粉末颗粒之间的间隙中。使用理想气体定律以及整个系统的已知初始状态和最终状态，可以获得粉末颗粒的总体积（不包括颗粒之间的间隙）。已知粉末质量与获得的体积相比得出骨架密度。如果粉末颗粒内没有明显的孔隙，那么骨架密度应与材料的实体密度相似。

5.4.6　粉末的激光吸收特性

对于特定波长的激光，粉末颗粒的吸收率（0.0~1.0 之间的值）是一个重要的参数。它直接影响粉末床熔融技术中实现良好固结和致密零件所需的激光强度设置。具有低吸收率的粉末只能在较高的激光强度下熔化，反之亦然。此外，对于粉末床熔融技术的一些计算机模拟，粉末的吸收率也是必需的输入。

粉末颗粒的吸收率可通过以下方法获得：①光线跟踪计算；②实验技术。

光线跟踪计算基于激光束在粉末颗粒上的反射率。粉末床内发生的多次反射导致三维激光能量吸收。可以使用菲涅尔方程确定当激光束入射到粒子上时吸收的能量比例。结合反射定律和菲涅尔方程，可以确定粉末床的整体吸收率。由于粉末床内多次反射和吸收，粉末床的吸收率通常高于平坦表面的吸收率，如图 5.27 所示。

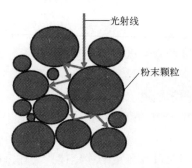

图 5.27　粉末床内光的多次反射

Wu 等证明了可用于测量 1μm 波长激光源下金属粉末吸收率的实验装置[39]，实验装置的简化图如图 5.28 所示。

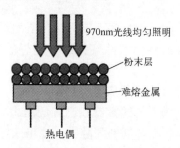

图 5.28　用于测量粉末吸收率的实验装置简化图

使用均匀的激光源照射铺在一块难熔金属基底上的粉末层。粉末样品和难熔金属基材的温升由附在基材底部的热电偶捕获。使用温度读数以及粉末和难熔金属基材数据，可以确定样品中积累的能量。利用能量守恒定律，在粉末和金属基体内积累的能量必定等于从激光源吸收的能量减去通过对流和辐射产生的热损失。使用该守恒关系以及加热（打开激光）和冷却（关闭激光）期间的温度数据，可以获得粉末样品的吸收率。

5.5　未　来　展　望

对于增材制造的材料表征，有现成的技术和相应的标准，但是，这些材料对增材制造的适用性和适应性仍有待评估。材料表征在增材制造中很重要，因为它可以洞察用增材制造生产的零件性能对原材料性能的依赖性，因此，有必要开发适当的或新的测量技术和标准。

从某种意义上说，许多增材制造过程是开源的，因为它们的过程参数可以改变，并且可以使用一系列过程参数（而不是特定的参数集）来制造高质量零件。预测模型可以帮助将原材料属性和加工参数与最终零件的属性相关联。但是，这将需要更广泛的材料特性数据收集。

还应仔细考虑并记录关键因素，如增材制造材料的寿命、耐用性和可回收性。例如，应仔细评估粉末在粉末床熔融技术中的再用性，类似原始粉末与可再用粉末的比例以及加工过程对粉末可再用性的影响。

材料的安全性考虑因素包括应以无害的方式生产原材料。需要强有力的方法和检查技术来证明增材制造原材料的性能。

5.6　问　　题

（1）说明增材制造中原材料的类型。对于每种类型，描述一种增材制造技术。

（2）定义术语"黏度"，并简要解释可用于表征该特性的测量技术。

（3）解释阿基米德原理，并说明可以使用此原理量化的内容。

（4）粉末粒径和粒径分布对于增材制造是至关重要的，为什么？

（5）陈述用于描述粉末形貌的术语，并详细解释什么是粉末颗粒的"圆度"。

（6）解释用于测量密度的不同技术，清楚地指出表观密度、振实密度和骨密度之间的差异。

参　考　文　献

[1] K. R. Symon, Mechanics. Addison-Wesley Publishing Company, Boston, USA, 1971.
[2] A. Bastian (2015). Continuous top-down DLP experiments. Available from: http://www.instructables.com/id/Continuous-Top-Down-DLP-Experiments/step2/Re-.

[3] A. M. Elliott. The effects of quantum dot nanoparticles on polyjetdirect 3D printing process, Doctoral Dissertation, Mechanical Engineering, Virginia Tech, Virginia Poly – technic Institute and State University, 2014.

[4] M. Vaseem, G. McKerricher, A. Shamim. 3D inkjet printed radio frequency inductors and capacitors, in: Microwave Integrated Circuits Conference (EuMIC), 201611th European, 2016, pp. 544–547.

[5] T. Rechtenwald, A. Kopczynska, E. Schmachtenberg, et al. Investigation of material compatibility for embedding stereolithography, in: Proceeding of the 5th Multi–Material Micro Manufacture, Cardiff University, Cardiff, UK, 2008, p. 4.

[6] Schott Instrument. Capillary viscometry from SCHOTT instruments Available from: http://www.sartorom.ro/sites/default/files/produse/documente/73232_Lab–Prod–ucts_No–6_Capillary–Viscometry_2–MB_English–pdf.pdf.

[7] Spectro Scientific. Guide to measuring oil viscosity, in: Spectro Scientific, 2016.

[8] F. Ning, W. Cong, J. Qiu, et al. Additive manufacturing of carbon fiberre–inforced thermoplasti ccomposites using fused deposition modeling, Compos. PartB: Eng. 80 (2015) 369–378.

[9] J. F. Rodríguez, J. P. Thomas, J. E. Renaud. Mechanical behavior of acrylonitrile butadiene styrene (ABS) fused deposition materials. Experimental investigation, Rapid Prototyp. J. 7 (2001) 148–158.

[10] B. Strzemiecka, B. Borek, A. Voelkel. Assessment of resin adhesivesaging by means of rheological parameters, inverse gas chromatography, and FTIR, J. Adhesion Sci. Technol. 30 (2016) 56–74.

[11] Techok INC. Somos 9920 data sheet. Available from: http://www.techok.com/pdf/somos9920.pdf.

[12] Stratasys. Digital material data sheet. Available from: http://usglobalimages.strata – sys.com/Main/Files/Material _ Spec _ Sheets/MSS _ PJ _ DigitalMaterialsDataSheet.pdf? v=635796522191362278.

[13] B. D. Vogt, F. Peng, E. Weinheimer, et al. FDM from apolymer processing per–spective: challenges and opportunities. Available from: https://www.nist.gov/sites/de–.fault/files/documents/mml/Session–4_2–Vogt.pdf.

[14] D. Fitz–Gerald, J. Boothe. Manufacturing and characterization of poly (lacticacid) / carbon black conductive composites for FDM feedstock: anexploratary study, CaliPoly (2016) Student research, senior project, materials engineering, 152, 1–22.

[15] M. L. Shofner, K. Lozano, F. J. Rodríguez–Macías, et al. Nanofiber–reinforced polymers prepared by fused deposition modeling, J. Appl. Polym. Sci. 89 (2003) 3081–3090.

[16] K. C. Chuang, J. E. Grady, S. M. Arnold, et al. Afully nonmetallic gas turbine engine enabled by additive manufacturing, part II: Additive manufacturing and characterization of pol-

ymer composites, NASA Glenn Research Center; Cleveland, OH United States, Technical Report, 2015.

[17] J. L. Willett, B. K. Jasberg, C. L. Swanson. Rheology of thermoplastic starch: effects of temperature, moisture content, and additives on melt viscosity, Polym. Eng. Sci. 35 (1995) 202-210.

[18] S. N. A. M. Halidi J. Abdullah. Moisture effects on the ABS used for fused deposition modeling rapid prototyping machine, in: 2012 IEEE Symposium on Humanities, Sci-ence and Engineering Research, 2012, 839-843.

[19] E. Kim, Y. J. Shin, S. H. Ahn. The effects of moisture and temperature on the mechanical properties of additive manufacturing components: fused deposition modeling, Rapid Prototyp. J. 22 (2016) 887-894.

[20] G. H. Yew, A. M. M. Yusof, Z. A. M. Ishak, et al. Water absorption and enzymatic degradation of poly (lactic acid)/rice starch composites, Polym. Degrad. Stability 90 (2005) 488-500.

[21] C. Wilkie, M. A. McKinney. Thermal properties of thermoplastics, in: J. Troitzsch (Ed.), Plastics Flammability Handbook: Principles, Regulations, Testing, and Approval, Hanser, Munich, 2004, pp. 58-76.

[22] N. Li, Y. Li, S. Liu. Rapid prototyping of continuous carbon fiber reinforced polylactic acid compositesby 3D printing, J. Mater. Process. Technol. 238 (2016) 218-225.

[23] V. Francis, P. K. Jain. Experimental investigations on fused deposition modelling of poly-mer-layered silicate nanocom posite, Virtual Phys. lPrototyp. 11 (2016) 1-13.

[24] J. M. Gardner, G. Sauti, J. -W. Kim, et al. 3-D printing of multifunctional carbon nanotube yarn reinforced components, Add. Manu-fact. 12 (2016) 38-44 PartA.

[25] X. Wei, D. Li, W. Jiang, et al. 3D Printable Graphene Com-posite, Sci. Rep. 5 (11181) (2015) 1-7.

[26] J. N. Baucom, A. Rohatgi, W. R. Pogue III, et al. Characterization of a mul-tifunctional liquid crystalline polymernanocomposite, presented at the 2005 SEMAn-nual Conference & Exposition on Experimental and Applied Mechanics, Portland, OR, 2005.

[27] T. N. A. T. Rahim, A. M. Abdullah, H. M. Akil, et al. Preparation and characterization of anewly developed polyamide composite utilising an affordable 3D printer, J. Reinforced Plastics Comp. 34 (2015) 1628-1638.

[28] H. Garg, R. Singh. Investigations for meltflow index of Nylon6-Fecomposite based hybrid FDM filament, Rapid Prototyp. J. 22 (2016) 338-343.

[29] N. M. A. Isa, N. Sa'ude, M. Ibrahim, et al. A study on meltflow index on copper-abs for fused deposition modeling (FDM) feedstock, Appl. Mech. Mater. 773-774 (2014) 8-12.

[30] F. Cruz, S. Lanza, H. Boudaoud, et al. Polymer recycling and additive manufacturing in an open source context: optimization of processes and methods, in: Annual International Solid

Freeform Fabrication Symposium, Austin, Texas, 2015, pp. 1591–1600.

[31] R. Singh, P. Bedi, F. Fraternali, et al. Effect of single particle size, double particle size and triple particle size Al_2O_3 in Nylon–6 matrix on mechanical properties of feed stock filament for FDM, Comp. Part B: Eng. 106 (2016) 20–27.

[32] P. J. Barrett. The shape of rock particles, a critical review, Sedimentology 27 (1980) 291–303.

[33] Q. Guo, X. Chen, H. Liu. Experimental research on shape and size distribution of bio–mass particle, Fuel 94 (2012) 551–555.

[34] J. W. Bullard, E. J. Garboczi. Defining shaper measures for 3D star–shaped particles: sphe–ricity, roundness, and dimensions, Powder Technol. 249 (2013) 241–252.

[35] P. Vangla, G. M. Latha. Influence of particle size on the friction and interfacial shear strength of sands of similar morphology, Int. J. Geosynth. GroundEng. 1 (2015).

[36] R. D. Hryciw, J. Zheng, K. Shetler. Particle roundness and sphericity from images of as–semblies by chart estimates and computer methods, J. Geotechn. Geoenviron. Eng. 142 (2016).

[37] A. E. Hawkins. The shape of powder–particle outlinesvol. 1Research Studies Press Ltd, (1993).

[38] S. L. Sing, W. Y. Yeong, F. E. Wiria. Selective laser melting of titanium alloy with 50 wt% tantalum: Microstructure and mechanical properties, J. Alloys Compounds 660 (2016) 461–470.

[39] S. Wu, I. Golosker, M. LeBlanc, et al. Direct Ab – sorptivity Measurements of Metallic Powders Under1–Micron Wavelength Laser Light, presented at the 25th Annual International Solid Freeform Fabrication Symposium, Austin, TX, United States, 2014.

第6章　设备和设施鉴定

6.1　术语定义

校准：在规定的条件下进行的一系列操作，旨在比对测量仪器或过程所示值与相应的已知被测值[1]。

关键（直接影响）设施：与产品直接接触或对产品质量有直接影响的设施[2]。

关键质量属性（CQA）：用以描述产品的可接受程度的产品固有特性。

关键工艺参数：为确保产品满足 CQA 要求而需要控制在预定范围内的工艺参数。

安装鉴定：设备、系统或公用设施满足所有关键安装要求的成文证据[3-4]。

运行鉴定：设备、系统或公用设施按预期运行的成文证据。

性能鉴定：证明设备、系统或公用设施按预期性能运行并满足所有预先设定的验收标准的成文证据。

鉴定：证明场所、系统和设备正确工作并达到预期结果的活动[5]。

验证：证明和记录工艺过程始终如一地生产出符合预定规范和质量特性的产品的活动[6]。

6.2　鉴定介绍

过程鉴定和验证对确保各工艺参数保持在一个最佳范围内，实现可持续制造是必要的。许多行业都要求鉴定检验，特别是医疗物品和药品制造领域。美国食品药品监督管理局（FDA）有许多规定，例如，药品的现行良好制造惯例（cGMP）、良好实践指南和法规（GxP，如良好实验室惯例（GLP）、良好临床惯例（GCP））、国际制药工程协会（ISPE）的指导性出版物良好自动化生产惯例（GAMP）[7]和工业标准 ISO 9000 等，都要求良好的成文信息来建立制造过程控制。

根据 FDA 关于工艺验证的一般原则的指导方针，验证的概念侧重于建立成文证据，以确保特定工艺能够持续地生产出符合其预定规范和质量特性的产品[6]，这一概念是 cGMP 的重要组成部分。每项工艺及其使用的所有重要设备都必须经过验证。值得注意的是，这些规定对鉴定文件的要求没有提供具体的说明。个别制造公司可以设计自己的验证和鉴定文件系统，以适应其自身质量体系。验证和鉴定活动是在仔细制定的试验计划和事先定义的验收准则下进行的，这些准则宜列在已批准的称作草案的文件中。验证通常包含鉴定的概念，即鉴定可以被视为验证的一个子集。图 6.1 显示了鉴定和验证之间的概念关系。

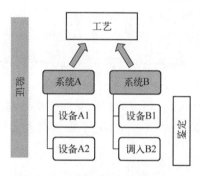

图 6.1 鉴定和验证的关系

在生产过程中，鉴定和验证对于质量管理体系的建立和持续受控是很重要的[9]。一个经过验证的制造工艺可以通过统计学上的过程控制方法进行连续监控，以保证产品质量。鉴定和验证还支撑设备和制造过程的持续改进。

因此，过程的所有者可通过执行过程鉴定来增加过程知识。一般来说，过程鉴定包括以下几个方面：①设施；②通用设备；③人员；④制造工艺流程；⑤工艺监控。

在本章中，重点是在增材制造工艺链中的设备和公用设施的鉴定。另外，本章的范围不包括增材制造的过程验证。增材制造的过程验证仍是一项持续的研究，需要超出设备鉴定的广泛的知识。本章的关注目标集中在设备上，旨在为未来增材制造过程验证计划的标准化提供一个基础和标准平台。

6.3 设备鉴定和通用试验

图 6.2 显示了一个典型的设备鉴定计划（EQ）[10]：①设计鉴定（DQ）；②安装鉴定（IQ）；③运行鉴定（OQ）；④性能鉴定（PQ）。

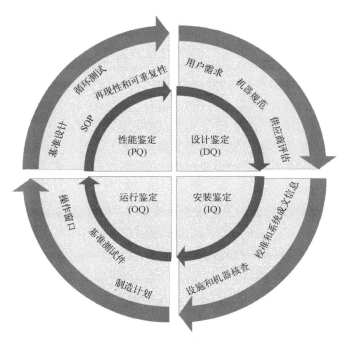

图 6.2　一个典型的设备鉴定计划有 4 个阶段

对每个鉴定阶段，质量团队都应该预先制订一个方案，方案应清楚地定义每个鉴定阶段的必要测试和验收标准。还应在每个鉴定阶段之后提出一份报告，报告要记录所进行的测试及其结果，还要记录并说明在验证活动中遇到的任何不符合规格的结果或不合格的对象。

6.3.1　设计鉴定

设计鉴定（design qualification，DQ）定义了设备的功能和操作规范，并详细说明了在选择供应商时要考虑的事项[1]。设备应具备用户要求的功能和达到的性能标准。本阶段的供应商评估文件也将确保供应商有足够的支撑能力提供培训和支持后续的安装鉴定。确保供应商能够在机器的整个生命周期内提供售后服务和软件升级同样重要。

下面列出了在 DQ 中应该考虑的步骤：

（1）设备的预期用途描述和用户需求规范（user-requirement specifications，URS）；

（2）功能、操作和安全规范的说明；

（3）计算机和软件的说明；

（4）供应商和销售商评估。

6.3.2　安装鉴定

安装鉴定（installation qualification，IQ）建立对设备的硬件和软件都符合设计意图的信心，并适当考虑制造商的建议[6]。IQ 确认设备符合规定并正确安装。在这一阶段还应验证机器设备与其他设备和公用设施的集成性。在 IQ 中，还要检查安装环境是否对设备的稳定和安全运行有不利影响。

增材制造系统安装鉴定通用试验步骤：

（1）根据制造商的建议检查安装地点。

（2）机器硬件检查。

（3）系统文件的审核，包括硬件和软件。可能包括技术数据表，机器和软件的功能规范要求，结构材料和关键子部件的证书。

（4）审核推荐打印原料的安全数据表。

（5）审核设备相关文档的可用性，如操作手册、日志和软件安装盘。

（6）审核备用零件清单、配套设施及其履行情况。

（7）审核已按文件进行了校准的部件校准要求的可行性。

（8）根据制造商的建议，确定维护和校准频率。

在增材制造系统的商业领域，系统的销售商将在很大程度上协助进行 IQ。销售商可以提供 IQ 文件，并在制造商的场地进行部分功能测试作为工厂验收试验。这将提高一个精心计划的 IQ 的效率和置信度。

6.3.3　运行鉴定

在规模化生产中，从产品开发到设备生产，以及通过测试不同的运行参数来优化工艺过程，都需要运行鉴定（operational qualification，OQ）。OQ 建立了对设备的硬件和软件能够在规定的范围和公差内一致运行的信心。关键过程功能必须合乎运行规范，并对缺陷状况做出适当的反应。因此，有必要对"最坏的情况"进行测试，并提供文件来证明该设备在操作范围内的极端情况下仍能按预期运行。由于增材制造产品的不同材料或设计特性可能会使操作条件有所不同，因此标识特定增材制造设备能应用的所有材料和能生产的所有产品是非常重要的。这将确保 OQ 可以以一种现实的方式执行，并避免过于广泛的鉴定试验。

增材制造系统运行鉴定通用试验步骤：

（1）确认所有的 OQ 先决条件已经完成，即所有的 IQ 项目已经完成，或者任何未开展的项目不会影响 OQ 的执行。

（2）有已批准的标准运行程序（standard operating procedure，SOP），所有要求的个人培训都已成文并可用。

（3）确认对系统运行至关重要的所有子系统和仪器都已校准。

（4）进行电源故障和恢复测试，并记录这些事件对系统控制的影响。

（5）准备一个标准模板作为过程控制文件，其中包括重要设置信息并与成品一起填写。

（6）专门设计的且符合 OQ 的预期目的基准部件。第 8 章对基准部件的设计进行了深入的讨论。

（7）确定相应的打印参数和关键过程参数。

（8）零件的关键质量属性（critical quality attribute，CQA）应进行测试，以覆盖机器的预期操作范围，包括"最坏的情况"。

（9）审核用于 CQA 测试的标准试验方法和包括机械性能、拉伸强度、断裂伸长率、表面质量、零件密度和热性能等在内的性能指标。

（10）建立制造计划，使 OQ 中的打印作业实现标准化。例如，制造计划应该包括以下内容[11]：

① 零件的几何形状、在成形腔中的位置和方向；

② 原材料信息和材料处置；

③ 成形平台/腔的要求；

④ 机器设置、打印参数，如打印模式、激光聚焦设置、激光路径策略；

⑤ 过程监控（如果有）；

⑥ 零件取出程序；

⑦ 零件的后处理过程。

OQ 期间的相关标准或工作项目如下：

- ASTM F2971—13《制备惯例—增材制造试样制备数据报告标惯例》；
- ISO/ASTM 52921—13《试验方法的术语—增材制造坐标系统和试验方法的标准术语》；
- ISO/ASTM 52915—16《增材制造文件格式（AMF）标准规范（1.2 版本）》；
- ASTM F3122—14《用增材制造工艺制造的金属零件力学性能评定标准指南》。

上述标准的细节见第 2 章。

6.3.4　性能鉴定

性能鉴定（performance qualification，PQ）是证明设备始终如一地按照预期运行并满足所有预先确定的验收准则的过程。PQ 通常在典型常规生产条件下进行。PQ 包括对标准运行程序、人员、系统、成形计划和材料的集成评估，以验证设备能始终如一地按所需的输出进行生产。

增材制造系统性能鉴定通用试验步骤：

（1）有已批准的标准运行程序，如系统运行、试验设备的运行、抽样计划和试验方法。

（2）有效的原材料认证。

（3）基准制件的设计和成形配置应能代表所有预期的生产运行场景。

（4）审核系统的校准和维护要求。

（5）对零件的关键质量特性进行了定义和表征，应考虑到基准零件的功能特性。

（6）预先批准的带有规范的详细制造计划，包括生产顺序、机器和工艺参数、原料、后处理和测量程序。

（7）制造计划的精确和耐用性可以通过 PQ 前的试运行来验证。

（8）测试关键过程参数的再现性和重复性（R&R）。

（9）应关注操作者之间、成形过程中间和试验结果之间基准零件的变化。

由于在打印各种增材制造零件时会使用各种参数和变量[11]，因此 PQ 是一个大范围和昂贵的活动。因此，将 PQ 作为提高对特定增材制造设备信心的联合对比试验的一部分是一个合乎逻辑的共识。联合对比研究或实验室间研究（inter laboratory study，ILS），是一种确定测试方法重现性的研究方式[11]。对 ASTM E691 和 ASTM E1169 中所述的分析试验方法的联合对比试验进行类比，为增材制造工艺的联合对比试验带来了新的价值。标准联合对比研究草案中的优先测试项目为金属基增材制造确定了测量科学的路线图（见第 2 章）。周密计划和精确计算的联合对比研究能够定量研究基准零件以及那些打印零件的系统的再现性和重复性（R&R）。关于增材制造联合对比研究方案的详细建议见参考文献 [11]。

以下是 ASTM 提供的用于 PQ 相关标准或工作项目清单：

• ASTM F2924—14《粉末床熔融增材制造 Ti-6Al-4V 标准规范》；

• ASTM F3001—14《粉末床熔融增材制造 Ti-6Al-4V ELI（超低间隙）标准规范》；

• ASTM F3049—14《增材制造工艺用金属粉末特性表征标准指南》；

• ASTM F3055—14a《粉末床熔融增材制造镍合金（UNS N07718）标准规范》；

• ASTM F3056—14e1《粉末床熔融增材制造镍基合金（UNS N06625）标准规范》；

• ASTM F3091/F3091 M—14《塑料材料粉末床熔融标准规范》；

• ASTM F3184—16《粉末床熔融增材制造不锈钢合金（UNS S31603）标

准规范》；

- ASTM F3187—16《金属定向能量沉积标准指南》；
- ASTM WK55297《增材制造—通则—增材制造的标准试验件》；
- ASTM WK56649《在增材制造零件中人工植入缺陷的标准惯例/指南》；
- ASTM WK49230《增材制造循环研究的新指南》；
- ASTM WK38342《增材制造设计新指南》；
- ASTM WK54856《增材制造的设计原则》；
- ASTM WK49229《金属增材制造的方向和位置对力学性能的影响》；
- ASTM WK49272A《用于增材制造的粉末的流动性表征的新方法》；
- ASTM WK53878《增材制造—应用于材料挤出增材的塑料材料—第 1 部分：原材料》。

这些标准的细节见第 2 章。

6.4　关键设备和设施

在打印过程中和打印后都需要关键设施来支持整个增材制造过程链条。增材制造工艺流程中的关键步骤之一是打印零件的后处理和支撑材料的去除[12]。本节将讨论支持设备和设施并确定这些设备和设施的重要性。当这些设备和设施需要鉴定时，其功能信息是必需的。

典型增材制造设备和设施包括气体、液体和电力系统。

气体：增材制造设备中最常用的气体是用于系统运行和产品清洁的压缩空气和填充气体，如氮气和氩气，用于在成形舱中营造惰性环境。

液体：使用最普遍的通用液体是推荐溶剂，用于清样和去除支撑材料。溶剂类型直接影响到零件的清洁效率。因此，在制订总体鉴定计划时，清楚这些液体的风险是很重要的。

电力：电力系统是启动增材制造设备所必需的。在关键运行应连续供电而无停顿。重要的电力系统参数包括频率、相位、电压以及容量等。在一些关键工艺生产时，可能需要将不间断电源（UPS）作为鉴定计划的一部分进行认证。

6.4.1　基于固体材料的增材制造工艺专用设备和设施

在基于固体材料的增材制造工艺中，以材料挤出系统来说明储存和清洁设施的重要性。

115

1. 存储设备和设施

未使用的丝材容器需要一个合适的储存室来储存。销售商建议丝材容器的储存室要保持合适的温度和湿度。有报告指出,丝材可能会吸收环境中的水分,影响打印质量。这是因为含水量高的丝材被加热时在挤压过程中可能会产生空隙[13]。丝材吸水后会膨胀,也会影响到玻璃化转变温度,从而改变 ABS 的黏度和流动性[14]。因此,需要一个受控的环境来维持规定的存储条件。需要考虑干燥箱内的温度均匀性和分布情况。

2. 清洗设备和设施

在挤压的过程中,需要用超声波清洗的方式去除可溶的支撑材料。首先用机械和手工的方式去除打印制件上容易去除的支撑材料。按供应商推荐的比例将溶剂粉末兑入水中配制成强碱性溶液作为清洗液。然后将已去掉部分支撑材料的打印制件浸泡在碱性溶液中,以完全溶解剩余的支撑材料。需要将溶液加热到推荐温度,以加速溶解过程。不同的材料需要不同的溶解温度。因此,应根据材料类型设置适当的溶解工作温度,以得到一致的溶解结果。有时会用超声波和机械搅拌加速溶解过程。溶解过程通常需要几个小时才能完成。该工艺完成后,将部件从溶液中取出,然后用水冲洗去除碱性溶剂。图 6.3 是 FDM 打印零件的清洗过程。

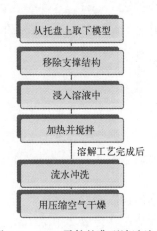

图 6.3　FDM 零件的典型清洗流程

6.4.2　基于液体材料的增材制造工艺专用设备和设施

在基于液体材料的增材制造工艺中,以材料喷射系统来说明清洗和后固化设施的重要性。图 6.4 是光聚合物喷射打印制件的清洗流程。在这个过程中,涉及多种设备和溶剂。

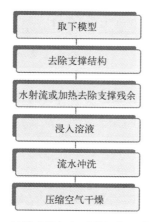

图 6.4　材料喷射打印零件的典型清洗过程

用水射流去除聚合物喷射打印模型的水溶性支撑材料[15]。使用高压水射流能够在不损坏模型材料的情况下方便快速地清除支撑结构。

在使用热溶性支撑材料的工艺中，如 ProJet，使用加热炉来熔化蜡质支撑材料[16]。蜡质支撑材料应在预先设定好温度和时间的加热炉中加热熔化，并确保完全去除。图 6.5 是将打印制件放入加热炉中去除支撑结构。

图 6.5　用加热炉加热可去除大块的支撑结构

在许多情况下，还需要进一步清洗。可用供应商推荐的溶剂，如氢氧化钠或矿物油，去除模型上的支撑材料的细微痕迹。下个步骤是去除矿物油，然后用肥皂水或 IPA 完成清洗。超声波清洗机可用于优化清洗操作，超声波会搅动液体，能产生较大的力，移除附着在打印模型上的支撑材料或支撑结构。最后用水清洗，压缩空气干燥。

6.4.3 基于粉末的增材制造工艺专用设备和设施

1. 过程中的设备和设施

在激光选区熔化过程中，如氩气或氮气之类的惰性气体需要持续流动，以维持成形舱内的保护氛围。为使高温处理过程中的零件污染降到最低[17-18]，以及去除熔化过程中产生的凝结物[19-20]，都需要惰性气体流动。成形舱内形成的凝结物会导致粉末床吸收的激光能量减少。研究表明，流量、气流方向和气体类型会改变金属零件的微观结构和孔隙率，进而影响零件的力学性能[21-22]。因此，在对激光熔融系统进行鉴定时，验证该设备的效果是很重要的。在 OQ 过程中应审核温度、压力、流速和容量。

2. 清洗设备和设施

在电子束熔化成形（EBM）技术中，工艺结束后，用压缩空气去除堆积粉末，将部分熔融或烧结后的粉末取出并筛分，以便重复使用[23]。还需要一个除湿器来维持粉末床的湿度。粉末床的湿度会影响对粉末流动性的控制[24]。在 SLM 技术中，打印完的零件通常埋在粉床中，工艺结束后需要用刷子将粉末清除。零件内的散粉可以用压缩空气去除。

对于功能零件，它们直接附着在成形基板上或附着在支撑结构上。通过对支撑结构的精心设计，零件多余部分可以用简单的手动工具或后处理去除[25]。零件和/或支撑结构的去除可以用电火花加工（EDM），也常称为线切割的方法完成。电火花加工运行时通常需要介质液或润滑油。制造商应该考虑到电火花加工过程中使用的流体的相互作用，因为流体直接和零件接触。图 6.6 是使用粉末床熔融技术制造的零件的清洗工艺。

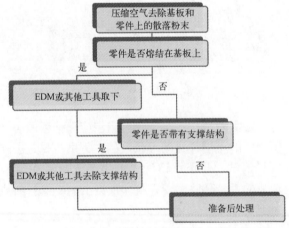

图 6.6 粉末床熔融增材制造零件的典型清样工艺

6.5　现有设备标准

现有的增材制造设备标准一般都是在医疗保健和机械安全领域。本节介绍增材制造设备通用的常见指令和标准。

指令有：机械指令 2006/42/EC、电磁兼容指令 2014/30/EU、电气和电子设备指令 2011/65/EU。

机械指令 2006/42/EC 是欧盟机械健康和安全基本要求之一[26]。机械指令包括了机械的安全方面，如机械设计、电气设计、控制、安全以及机械产生有害物质的可能性。电磁兼容性（EMC）指令 2014/30/EU 用以确保电气和电子设备不会产生并且不受电磁干扰的影响[27]。电气和电子设备（RoHS）指令 2011/65/EU 中限制使用某些有害物质，目的是防止有害物质进入生产过程和废弃物流[28]。

以下是一些机械设计特定安全标准：

IEC 60825—1《激光产品的安全—第 1 部分：设备分类和要求》；

IEC 62471—2《灯具及灯具系统的光生物安全》；

EN 13202《热环境工效学—可接触热表面的温度》；

EN 563《机械安全—可接触表面的温度—建立热表面温度限值的工效学数据》；

ISO 13732—1《热环境的人机工程学—评估人类接触表面反应的方法—第 1 部分：热表面》；

ISO 12100：2010《机械安全—设计通则—风险评估和减少风险》；

IEC 60204—1：2016《机械安全—机械电气设备—第 1 部分：一般要求》。

总之，现有的设备标准是通用标准，适用所有的机械设计，而不是专门针对增材制造设备。因此，增材制造设备制造商应考虑进一步制定安全标准和法规的具体路线图。

6.6　计算机系统和软件验证

在增材制造设备的鉴定中另一个重要的考虑因素是计算机系统的验证。为了应用自动化和数字制造，所有的增材制造设备都是计算机关联系统。在增材制造中的软件应用包括坐标转换的应用[29]、成形工作整合[30]和工艺参数预测[31]。虽然现在校验增材制造系统的操作软件不是先决条件，但计算机化系统验证（computer system validation，CSV）的原则将有助于增材制造的整体质量体系。打印件的质量直接与输入文件的质量相关，进而也与打印机的工艺软件的质量相关。本节重点介绍在增材制造中至关重要的 CSV 和电子记录。

CSV 将验证的定义应用于计算机或计算机化的系统。遵循过程验证的原则，CSV 需要下述类似的鉴定流程：

（1）用户提供用户需求规范（URS）；

（2）计算机系统供应商提供设计和功能规范；

（3）通过计算机系统的 IQ、OQ 和 PQ，审核是否满足 URS。

监管机构和行业机构还建议使用风险分析技术来评估 CSV 的广泛性。软件的复杂性和临界性可以用来支持和减轻已识别的风险[32-33]。软件校验中的其他参考文档包括 ISPE GAMP5[34]。GAMP 指南是一系列指导方针，帮助增材制造公司理解和满足自动化系统的 cGMP 规定，在 ISPE GAMP5 中，软件的分类如下：

类别 1：基础设施软件；

类别 2：非配套产品［包括安装时使用的现成商业软件（COTS）］；

类别 3：配套产品；

类别 4：自定义应用程序。

也可从 FDA 获取一个称为《行业指南第 11 部分—电子记录和电子签名的范围与应用》的指导性文件，以确保符合电子记录和签名规则（21 CFR 第 11 部分）。本指南文件中的非约束性建议如下：

（1）限制系统访问权授给个人；

（2）确定开发、维护或使用电子系统的人员是否受过相关教育和培训，并具有完成指定任务的经验；

（3）建立并遵守书面政策，使个人对在其电子签名中的行动负责；

（4）对系统文档的适当控制；

（5）审计跟踪或其他物理、逻辑或程序安全措施到位，以确保记录的可信性和可靠性；

（6）记录复制和记录保存的要求。

在某些应用中，增材制造系统可以在网络环境中远程控制。在这种情况下，可能还需要对网络基础设施进行认证。测试应包括对网络的访问控制和网络事务在正常和高负载下的稳定性。除了直接与增材制造设备连接的计算机系统和软件，零件设计文件的预处理软件也很重要。随着增材制造工艺所提供的设计自由度，拓扑优化方法和数据处理技术出现了各种各样的进展[36]。这就要求更新 CSV 的紧迫性，以确保正确处理数据文件，并且数据文件中的错误能够通过可跟踪性检测出来。工艺文件与增材制造设备软件的兼容性也是一个需要研究的话题。

总而言之，本章概述了确保关键设施、设备和系统符合规范的方法，借鉴了受管制的制药工业的过程验证的概念。在设备鉴定（EQ）框架中，针对通常采用的鉴定（DQ、IQ、OQ 和 PQ），强调了对增材制造过程的特殊考虑。本章的讨论作为一个起始点，鼓励进一步全面和系统地调查增材制造设备的鉴定问题。

6.7 问　　题

（1）鉴定和验证之间有什么区别？讨论质量体系管理的概念。

（2）列举设备鉴定的重要鉴定阶段。

（3）为什么设计鉴定很重要？

（4）安装鉴定的目的是什么？

（5）运行鉴定的关键活动是什么？

（6）什么是性能鉴定的关键活动？

（7）在哪个鉴定阶段需要制造计划？

（8）增材制造中的制造计划包括什么？

（9）对增材制造设备的性能鉴定有何挑战？

（10）在材料喷射工艺中有什么清洗设施？

（11）惰性气体在金属增材制造中是一种关键条件吗？为什么？

（12）制造商所遵守的现有设备标准是什么？

（13）为什么计算机系统验证适用于增材制造设备？执行软件验证时的关键考虑事项是什么？

参 考 文 献

［1］ P. Bedson，M. Sargent. The development and application of guidance on equipment qualification of analytical instruments，Accred. Qual. Ass. 1（1996）265-274.

［2］ Pharmaceutical engineering guides for new and renovated facilities，International Society for Pharmaceutical Engineering，2001.

［3］ 21 CFR: Parts 210 and 211—Current good manufacturing practice in manufacturing, process-ing, packing, or holding of drugs. United States Code of Federal Regulations, Food and Drug Administration, 1978.

［4］ 21 CFR: Part 820—Good manufacturing practice regulations for medical devices, United States Code of Federal Regulations, Food and Drug Administration, 1996.

［5］ WHO expert committee on specifications for pharmaceutical preparations—WHO technical re-port series, no. 961, World Health Organization, Switzerland, 2011.

［6］ Guidance for industry process validation: general principles and practices, United States Code of Federal Regulations, Food and Drug Administration, 2011.

［7］ Good Automated Manufacturing Practice Forum, Guide for Validation of Automated Systems in Pharmaceutical Manufacture Part 1 User Guide. , ISPE, 1998.

［8］ P. A. Cloud. Pharmaceutical Equipment Validation: the Ultimate Qualification Hand-book, CRC Press, New York, 1998.

［9］ W. Y. Yeong, C. K. Chua. Implementing additive manufacturing for medical devices: A quality perspective, presented at the 6th International Conference on Advanced Research and Rapid Prototyping (VRAP 2013), Leiria, Portugal, 2014.

［10］ L. Huber. Validation and Qualification in Analytical Laboratories, Information Healthcare, New York, 2007.

［11］ S. Moylan, C. U. Brown, J. Slotwinski. Recommended protocol for round-robin studiesin ad-ditive manufacturing, J. T est. Eval. 44 (2016) 1009-1018.

［12］ C. K. Chua, K. F. Leong. 3D printing and additive manufacturing: principles and applications, 5th ed. , World Scientific Publishing, Singapore, 2017.

［13］ S. N. A. M. Halidi, J. Abdullah. Moisture and humidity effects on the ABS used in fuseddepo-sition modeling machine, Adv. Mater. Res. 576 (2012) 641-644.

［14］ S. N. A. M. Halidi, J. Abdullah. Moisture effects on the ABS used for fused deposition model-ing rapid prototyping machine, presented at the IEEE Symposium on Humanities, Science and Engineering Research (SHUSER), Kuala Lumpur, Malaysia, 2012.

［15］ Y. L. Yap, W. Y. Yeong. Shape recovery effect of 3D printed polymeric honeycomb, Virtual Phys. Prototype. 10 (2015) 91-99.

［16］ Y. L. Yap, C. C. Wang, H. K. J. T an, et al. Benchmarking of material jetting process: process capability study presented at the 2nd International Conference on Progress in Additive Manufacturing, Singapore, 2016.

［17］ S. L. Sing, W. Y. Yeong, F. E. Wiria. Selective laser melting of titanium alloy with 50 wt% tantalum: Micro-structure and mechanical properties, J. Alloys Comp. 660 (2016) 461-470.

［18］ S. L. Sing, W. Y. Yeong, F. E. Wiria, et al. Characterization of titanium lattice structures fabricated by selective laser melting using an adapted compressive test method, Exp. Mech. 56 (2016) 735-748.

[19] B. Ferrar, L. Mullen, E. Jones, et al. Gas flow effects on selective laser melting (SLM) manufacturing performance, J. Mater. Process. Technology. 212 (2012) 355-364.

[20] A. Ladewig, G. Schlick, M. Fisser, et al. Influence of the shielding gasflow on the removal of process by-products in the selective laser melting process, Add. Manufactur. 10 (2016) 1-9.

[21] S. Dadbakhsh, L. Hao, N. Sewell. Effect of selective laser melting layout on the qualityof stainless steel parts, Rapid Prototype. J. 18 (2012) 21-249.

[22] A. B. Anwar, Q. -C. Pham. Selective laser melting of AlSi10Mg: effects of scan direction, part placement and inert gas flow velocity on tensile strength, J. Mater. Process. Technology. 240 (2017) 388-396.

[23] Y. H. Kok, X. P. T an, N. H. Loh, et al. Geometry dependence of micro - structure and micro-hardness for selective electron beam-melted Ti-6Al-4V parts, Virtual Phys. Prototype. 11 (2016) 183-191.

[24] A. T. Sutton, C. S. Kriewall, M. C. Leu, et al. Powder characterisation techniques and effects of powder characteristics on part properties in powder - bed fusion processes, Virtual Phys. Prototype. 12 (1) (2016) 3-29.

[25] M. X. Gan, C. H. Wong. Practical support structures for selective laser melting, J. Mater. Process. T echnol. 238 (2016) 474-484.

[26] F. Flammer. The new machinery directive 2006/42/EC, Konstruktion (2008) .

[27] M. W. Maynard . A new framework for the EU EMC directive the European Union newlegislative framework and new EMC directive, in: 2015 IEEE Symposium on Electromagnetic Compatibility and Signal Integrity (EMC&SI 2015), Sillicon V alley, UnitedStates, 2015, pp. 7-11.

[28] O. Deubzer, N. F. Nissen, K. D. Lang. Overview of RoHS 2. 0 and status of exemptions, presented at the Electronics Goes Green 2012+, ECG 2012—Joint International Conference and Exhibition, 2012.

[29] V. R. Shulunov. Algorithm for converting 3D objects into rolls using spiral coordinate system, Virtual Phys. Prototype. 11 (2016) 91-97.

[30] J. Liu. Guidelines for AM part consolidation, Virtual Phys. Prototype. 11 (2016) 133-141.

[31] C. Y. Y ap, C. K. Chua, Z. L. Dong. An effective analytical model of selective laser melting, Virtual Phys. Prototype. 11 (2016) 21-26.

[32] I. G. Forum . Risk assessment for use of automated systems supporting manufacturing processes: part 1—Functional risk, Pharma. Eng. 23 (2003) 16-26.

[33] G. Wingate, S. Brooks. Risk assessment for use of automated systems supporting manufacturing

processes: part 2—risk to records, Pharma. Eng. 23 (2003) 30-40.

[34] H. Y. Charan, N. Vishal Gupta. GAMP 5: A quality risk management approach to computer system validation, Int. J. Pharma. Sci. Rev. Res. 36 (2016) 195-198.

[35] General principles of software validation; final guidance for industry and FDA staff, USD epartment of Health and Human Services, Food and Drug Administration, 2002.

[36] D. W. Rosen. A review of synthesis methods for additive manufacturing, Virtual Phys. Prototype. 11 (2016) 305-317.

第7章 过程控制及建模

7.1 过程控制和建模的动机

增材制造技术受到世界的广泛关注[1-3]。与传统的减材制造相比，通过计算机辅助设计（CAD）文件中逐层生成复杂零件的技术被认为是制造业的一种范式转变。

据报道，在2020年，金属增材制造正在迅速发展[4]。事实上，2015年售出了超过800台3D金属打印机，比2014年增长了46.9%[5]。推动这一市场增长的主要因素是金属增材制造工艺在航空航天、国防、医疗和牙科等领域的应用日益增多。

通用、西门子、NASA、空客、BMW和Stryker等大公司都在这项技术上投入巨资，生产出各种制件，如燃料喷嘴、燃气轮机叶片、火箭喷嘴、叶轮和骨科植入物[6]。这些制件的关键特性要求严格控制制造过程。为了证明适合使用，需要对组件在增材制造过程中没有任何可能引起缺陷具有足够的信心。克服这一问题的理想方法是能够持续监控增材制造工艺，识别缺陷原因，进行必要的过程中修正，并提供确定零件质量的数据。

有效的原位闭环监测和反馈系统被认为是扩大增材制造过程的工业应用的必要条件[7]。通过有效的过程监控，利用对测量结果的分析和解释，可以得到优化的参数。这可以大大提高工艺的再现性，以及更好地保证增材制造生产组件的质量和可靠性。

基于物理的建模和仿真对于预测增材制造过程的整体结果至关重要，它有很大的潜力来提高零件质量，从而支持增材制造的成长。它不仅解释了内在的物理相互作用以及材料相态和性质的变化，而且为与过程参数关联提供了更深入的见解。

确信增材制造零件质量与用传统制造设备制造的等价产品的相似度，对于大规模采用增材制造至关重要。本章旨在说明对增材制造过程控制和建模的日益增长的需求，这是实现预期零件质量的关键。

7.1.1　过程参数

控制和监控系统的开发始于所有关键过程变量的识别。优化的过程变量大大提高了零件的生产质量。为了开发一个有效的过程控制机制，需要进行广泛的研究来厘清各参数之间的基本过程的物理规律。增材制造的所有核心过程 [如定向能量沉积[8]、粉末床熔融[9]、光固化[10]、材料喷射[11]、黏合剂喷射、材料挤出[12] 和薄材叠层] 本身是自动化的。操作人员只需在加工前给机器设置适当的材料、参数和打印数据文件。

以选区激光熔化过程为例[13-16]，4 类主要因素影响成品零件的最终质量，它们是[7]：①激光和扫描参数；②粉末材料性能；③粉末床特性和铺粉参数；④成形环境参数。

这 4 类因素由许多相互关联和相互依赖的过程变量组成。例如，激光功率是根据不同类型的材料和使用的扫描策略进行调整的。在最近的研究中，这些过程变量被细分为两部分：预定义参数和可控参数。

预定义参数是设置并在打印过程中保持不变的参数。一些预定义参数的示例包括粒径分布、材料吸收率、熔化温度、密度、吸收率、发射率等。可控参数通常指扫描策略、扫描速度、层厚、压力、气流速度、环境温度等，用户可以在过程中进行调整以获得所需的结果。

以 SLM 工艺为例，说明了解基本过程参数的重要性，其中激光吸收率与金属粉末的粒径和分布有关，尺寸越小，吸收率越高。因此，必须优化可控参数，如粉末床温度、激光功率、扫描速度和填充间距，以在熔池尺寸、尺寸精度、表面粗糙度、成形率和所需力学性能之间实现平衡。构建环境必须保持均匀的温度、压力和气流状态，以获得可重复的结果。此外，建模和仿真可以在实证研究之前进行，这可以大大减少确定不同过程变量之间关系所需的试验和误差迭代次数[17]。

以基于激光的工艺做为另一个例子，较高的激光功率通常会导致金属粉末的快速熔化，从而产生更致密的成分。然而，它也可能导致整个粉末层出现较大的热应力，进而导致打印部件的高残余应力[17-19]。虽然较低的激光功率有助于消除这些残余应力，并有助于生产几何精度更好的部件，但也可能导致零件密度较低，容易分层[17]。为生产出高质量的零件，选择使用的激光功率与所需光斑尺寸、扫描速度、扫描策略和平台温度密切相关[17-19]。例如，熔池尺寸是影响最终零件质量的关键因素，它取决于激光功率、光斑尺寸、扫描速度、扫描策略和平台温度的组合。

7.1.2　过程参数结果

过程参数结果是指过程的输出特性，代表一定输入过程参数的影响。结果可分为观察结果和导出结果。观察到的结果包括熔池形状和尺寸、现场温度和温度分布，这些都可以通过原位过程监控系统进行现场测量。导出的结果包括残余应力和熔池深度，这些可通过其他方法（如建模）得出。这些结果详细提供了一个过程变量和可观察的过程特征以及最终产品质量，如几何、机械和物理特性之间的关联。这些结果的测量值被称为过程的输出变量。

7.1.3　控制目标

过程控制是制造业的重要组成部分。控制增材制造过程的 3 个主要目标如下。

（1）优化过程参数。假设一些参数（如腔室压力、气体流量、粉末粒度等）保持恒定是有利的。这将减少控制变量的数量，以实现优化过程。

（2）提高整体效率和可重复性。优化的参数和机器设置要保持一致，确保相同打印的重复性。

（3）确保打印过程中的整体安全。一般来说，对于系统，如 PBF 和 DED，监控某些工艺参数有助于预测可能的风险或危险，如火灾或粉尘爆炸。设备设计可结合适当的安全算法来降低这些风险，例如，如果在建造室中检测到过量氧气，就自动关闭激光束，以降低火灾风险，并在管道堵塞导致异常背压的情况下关闭压力泵等。

美国国家标准与技术研究院（NIST）与许多其他组织和机构一起，已经确定了增材制造[20-22]原位过程控制的必要性。现场过程控制的作用在于它能够提供对构建环境的实时可见性和控制。通过这一点，可以实现一个持续的反馈系统，该系统不断地分析成形并主动纠正可能的错误。最终目标是使系统有足够的能力直接从增材制造机器中鉴定零件而非事后检查，同时提高过程的可靠性和可重复性。

虽然人们对增材制造闭环控制系统的重要性给予了很大的重视，但它仍处于发展阶段。实际上，未来的挑战是如何改进反馈控制系统，以便更好地了解材料特性、工艺参数、性能及其相互关系，从而提高可预测性。

在 PBF 或 DED 过程中，通过相应的工艺参数监测和控制熔池的尺寸和形状，来实现实时数据采集。图 7.1 给出一个建议的框架，该框架识别了输入参数，以及用于输出变量的方法和传感器，以实现控制目标或期望的输出。

如图 7.1 所示，控制目标被定义为期望的输出，例如，在熔池尺寸和形状上实现温度稳定性和一致性；又如，为了保持熔池中的温度稳定性，必须使用方法和传感器来测量其温度分布（输出变量），如光电二极管、红外摄像机、电荷耦合器件（CCD）摄像机或互补金属氧化物半导体摄像机（CMOS）等。同样，对于输入参数，如激光功率、扫描速度、填充速度、层厚和材料吸收率也会影响熔池温度分布，以及熔池的整体稳定性。

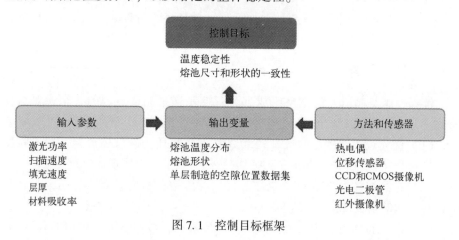

图 7.1　控制目标框架

7.2　增材制造生产过程控制的前沿研究综述

本节由 3 个小节组成。第一小节探讨了一些可以被整合到增材制造系统中的常用监控传感器。主要用于获取工艺信息和测量值，如熔池尺寸、熔池形状、光斑尺寸、温度分布等，作为其实验的一部分，这些信息随后进行分析以相应地改变可控参数。第二小节深入研究了各种研究人员应用于增材制造系统以获得有用数据的最新技术和实验装置。这一部分重点介绍了 4 种增材制造工艺，即激光选区熔化、电子束熔融、激光工程净成形和定向能量沉积。最后一小节总结了过程控制技术。

7.2.1　监控传感器

在大多数增材制造工艺中，工艺参数直接影响零件质量。SLM 的过程参数，如填充空间、扫描速度、激光功率、材料吸收率、层厚和成形方向与打印件的特性（如密度、几何精度、表面粗糙度和力学特性）直接相关。众所周知，这是大多数金属打印工艺的典型情况。在此过程中，在粉末床上均匀地施加一层粉末。粉末沉积后，高功率激光按照切片立体光刻（STL）文件，逐层跟踪横截面的几何形状，有选择地熔化并将材料粉末熔合在一起。在这个过程中产生大量的热。在金属打印过程中，熔池温度和温度分布是最关键的因素。因此，实现均匀控制的温度分布可以带来更好的微观结构、力学性能、几何精度和表面粗糙度[22]。如果相关变量得到识别、监控和正确建模，那么最佳过程控制参数将导致更好的整体零件质量。与过程变量相关的每个过程参数都需要仔细监控。在这一部分中，将讨论不同类型的测量仪器和传感器用于进行监测和控制方法的实验研究。

1. 视觉成像

CMOS 摄像机可用于监测熔池区域、长度和宽度的几何结构。CMOS 摄像机的工作原理与光电二极管类似：它带有一个由称为像素的光电二极管组成的大阵列，将检测到的光信号转换为电信号。熔池的大小由摄像机捕捉到的像素数来衡量。但 CMOS 摄像机并不是能够执行近距离监控的唯一类型的传感器。

CCD 摄像机是另一种监测摄像机，可用于监控熔池区域的几何形状。与 CMOS 摄像机类似，CCD 摄像机能够处理检测到的光并将其转换为电信号。这两款摄像机的主要区别在于其内部处理芯片的数量，CCD 摄像机使用一个处理单元来转换所有像素信号，而 CMOS 摄像机中的每个像素都有一个单独的电荷电压转换器，它以更高的复杂度为代价提供更高的处理速度。

CCD 摄像机从每个像素累积光生电荷，并使用输出电路进行处理。CMOS 摄像机在每个像素中直接将光转换为电压[23]。在某些情况下，高通滤波器被集成到 CCD 和 CMOS 摄像机中，用于近红外（NIR）成像，目的是捕捉热强度。

在监控系统中，人们可能会在图像分辨率和处理速度之间进行权衡。CCD 摄像机提供更高的分辨率，而 CMOS 摄像机具有更快的处理速度。因此，摄像机的选择必须符合其预期用途[23-25]。

2. 热传感

光电二极管常用于金属基增材制造的监测过程。这种可以捕捉光的强度并将其转换为电流的半导体器件通常只覆盖很小的表面积。随着表面积的增加，器件的响应时间趋于缓慢。实验中光电二极管所捕捉到的数据通常是指金属基增材制造过程中的熔池强度。传感器检测到的强度与接收到的光量成正比。

与光电二极管类似，高温计是另一种可以用来测量熔池发出的热辐射的装置。高温计通过测量特定波长的红外辐射强度来确定温度，而光电二极管则测量发出的可见光的强度。

除了光电二极管和高温计，红外摄像机也是温度监测设备。通常，它们也被称为热成像仪。与高温计类似，红外摄像机是一种非接触式的探测热辐射的装置。它把热辐射转换成电信号。然后对这些信号进行处理以生成热图像，以及用于监控的温度分布图。

热器件之间的主要差别取决于感兴趣的区域。光电二极管或高温计聚焦于单点温度测量，而红外摄像机能够扫描更大范围的温度。然而，在用红外摄像机进行大面积扫描时，关键的热峰值常常被忽略。这证明了使用光电二极管或高温计进行单点热读数的重要性[26-27]。

3. 位移传感

除了捕捉熔池图像的摄像机，还可用位移传感器测量熔道层高。这在 DED 工艺中应用广泛，DED 还有其他商业名称，如 LENS、直接金属沉积、激光熔覆（laser cladding，LC）和激光金属沉积（laser metal deposition，LMD）。在 DED 工艺中，高功率激光用于熔化沉积在工件上的金属粉末。DED 沉积金属粉末的量直接影响打印元件的几何形状。因此，熔道层高是一种有用的测量表征参数，在这样的过程中可以通过位移传感器获得。测量的熔道层高以及整个熔道的温度分布，与整体成形质量有很强的相关性。

位移传感器可用于测量熔道与参考位置之间的位移。位移传感器有两种类型：非接触式和接触式。前者使用光学、涡流、超声波或激光装置来测量位移，而后者使用探头直接接触工件。非接触式光学位移传感器和激光位移传感器是监测位移轨道高度最常用的类型。Song 等的一篇研究论文描述这样一种设置，使用光学位移传感器逐层确定熔道层高，以确保打印质量[28]。

7.2.2 增材制造过程控制研究的被测变量

与过程控制相关的大多数研究和探索都是金属基工艺过程，其焦点主要在于熔池温度和尺寸，这被认为是最影响打印制件整体质量的因素。这一焦点也有助于描述金属基增材制造过程能够生产出力学性能相当或优于块体材料的完全致密零件。此外，这对于打印复杂结构至关重要，因为熔池的大小和分辨率会极大地影响打印的分辨率。对于质量控制要求严格的航空航天元器件和医疗器械，尤其需要过程控制。本节重点介绍金属基增材制造的过程控制和监控技术，以及如何采用传感器来获得必要的数据。

1. 激光选区熔化过程控制

Kruth 和 Mercelis 设计了一个反馈控制系统专利，使用比例积分（PI）控制器来控制激光功率并稳定熔池中的温度分布[29]。在这个装置中，装有一个与激光束同轴的高速 CMOS 摄像机和一个光电二极管，光电二极管用来捕捉熔池的光强度。该反馈控制系统用于打印具有几何特征（如悬垂）的测试工件。在随后的基于该装置的实验中，他们研究了影响几何尺寸精度的因素，并通过现场监测确定了 SLM 过程中可能出现的工艺故障[30-31]。最近，他们引入了一种图像数据处理算法来解释通过该过程中获得的信息[32]。根据图像识别出悬垂处过热变形和热应力等缺陷。

在 Clijsters 等最近的一项研究中，熔池强度是用光电二极管和 CMOS 摄像机拍摄的。数据以 10~20kHz 的高采样率进行处理，以供分析。为了生成三维模型，数据被逐层映射到网格上，网格中的每个像素代表其位置的测量值[33]。然后将结果与 X 射线计算机断层扫描（X-CT）图像进行比较。生成的三维模型的图像与 XCT 图像具有很高的相似性。

Y adroitsev 等建立了一个温度监测系统，使用与激光束同轴对准的 CCD 摄像机来监测熔池温度分布[34]。他们的研究重点是在热处理的各个阶段监测微观结构的变化。Chivel 等开发了一种用于 SLM/SLS 工艺的温度监测系统，该系统使用 CCD 摄像机监测该过程，并使用双波长高温计测量激光光斑的最大表面温度[35]。Bayle 等使用高速红外摄像机和高温计演示了他们的过程监测技术[36]。这项工作的目的是获得有关表面温度以及粉末固结的数据。但是，红外摄像机和高温计不是同轴安装的，因此在处理过程中获得的图像质量可能会因红外摄像机的视角以及高温计的位置而变化。同样，Krauss 等建立了一个监测系统，使用红外摄像机来测量整个工件的温度分布，而不是单独监测熔池[37]。本书旨在通过工件的温度分布来研究散热不足和其他不规则现象。Lott 等设计了一个由 CMOS 摄像机和照明源组成的同轴组件，以在扫描过程中获得高分辨率图像[38]。在实验中，他们成功地用光线追踪软件模拟了整个成像光路径。

2. 电子束熔化过程控制

SLM 和 EBM 过程有着相似之处，主要区别在于金属粉末熔化的能量来源和环境。EBM 工艺使用电子束在真空环境中选择性地熔化粉末层[39-40]。与 SLM 工艺不同的是，在 EBM 工艺中，要使红外摄像机与电子束同轴监测温度分布是非常困难的。EBM 系统电子枪外壳空间不足，极大地限制了改装电子枪室及插入红外摄像机的可能性。Mireles 等开发了一种自动闭环系统，使用红外摄像机为 EBM 过程提供逐层监测和反馈控制[42-44]，目的是在制造受控微结构试样的过程中保持恒温。在研究过程中，实现了工艺参数的自动控制，保持了温度的稳定性，并对工艺过程中的孔隙率进行了检测。在熔化过程中，通过将灰度图像转换为二值图像来进行图像处理。两个单独的强度阈值由用户预定义，并与测量温度稳定性进行比较。此外，在熔化过程中还进行了孔隙率识别。Dinwiddie 等采用红外摄像机监测悬壁结构的打印过程，通过机器的前挡板获取图像，以监控和检测关键现象，如气孔、预热过程中的过度熔化问题和电子束强度测量[45]。Price 使用一个近红外摄像机，用于监测和测量过程中的温度分布[46-47]。在他们的工作中，使用了两个不同分辨率的透镜来监测工艺参数的效应，如成形高度效应、防护玻璃金属化引起的透射损耗、悬垂结构等，用近红外摄像机捕捉的过程温度分布是一致的和可重复的。在Schwerdtfeger 等的另一项工作中，使用红外摄像机逐层监测打印过程。然后将红外摄像机图像与通过常规金相切片获得的图像进行比较[48]。从金相切片和红外摄像机得到的图像显示，缺陷的分布非常相似。

3. 定向能量沉积过程控制

DED 工艺的工作原理与 PBF 工艺有一个根本的不同：高功率密度的能量束聚焦在沉积在基底上的连续粉末或金属丝上，而不是预先沉积的粉末层。Bi 等开发了一种闭环系统，使用与激光束同轴对准的 CCD 摄像机捕捉熔池，并使用与喷嘴头同轴对准的光电二极管来捕捉熔池发出的光强度[49]，他们通过改变激光功率成功地获得了稳定的温度分布。同样，Devesse 等开发了基于温度监测的闭环系统[50]，在他们的装置中，使用近红外摄像机测量熔池表面温度分布，得到的数据被实时处理并直接发送到控制器。值得注意的是，作者使用 PI 控制器，通过调整激光功率，成功地控制了从 NIR 相机获得的熔池表面温度分布。

Köhler 等开发了一种用 CMOS 摄像机和高温计测量熔池峰值温度的闭环过程。因此，作者改变激光功率以保持熔覆路径上的温度恒定[51]。实验中，对传感器获得的温度场进行了实时评估和处理，此外，在该过程中得到的温度场与有限元法的结果相互吻合。Smurov 等使用高温计和红外摄像机来研究熔池和热影响区（heat affected zone，HAZ）。此外，还添加了一个 CCD 摄像机来捕捉粉末在过程中的分布，以了解气体流动和粉末之间的化学关系，从而实现粉末供给的优化。在参考文献 [53-54] 的类似工作中，作者使用高速摄像机捕捉了粉末之间的相互作用，用以表征粒子速度和通量。Pekkarinen 等建立的监测系统使用一个 CCD 摄像机和一个照明源来获得高质量的熔池图像[55]。这项工作突出了激光功率变化的参数化研究。尽管 Furumoto 等也开发了一个类似于 Chivel 等的监测系统，为了监测表面温度，他们的研究主要集中在通过使用高速摄像机和双色高温计测量表面温度来控制金属粉末的固结模式[56]。与双波长高温计相比，双色高温计对温度变化具有更高的灵敏度，因此可以精确测量在 1520~1810°C 之间的熔化温度。

Tang 和 Landers 开发了用位移传感器测量熔道层高和高温计测量熔池温度的反馈控制器，作者成功地实现了稳定的温度控制，一致的熔道宽度和层高的单道多层沉积。可将多道、多层沉积和层高控制集成在一起以获得恒温。[57] Song 等提出了一种使用 3 个 CCD 摄像机和高温计同时控制熔池高度和熔池温度的混合技术[28]。结果表明，与表面温度相比，层高更为重要。在实验中，提出了一种当层厚低于某一限定值时改变激光功率的算法。换言之，只要层厚保持在可容许的范围内，就不考虑温度。

4. 送丝定向能量沉积过程控制

送丝 DED（Wire-Fed DED）是另一种方法，它使用金属丝作为主要的材料形式，逐层产生复杂的几何结构。作为一种 DED 工艺，它使用电子束或激光熔化材料来制造自由形状的零件。Zalameda 等采用近红外摄像机测量熔池温度并监控区域凝固，以生产高质量构件[58]，目的是在空间相关应用中采用此类技术。

Liu 等演示了使用 CCD 摄像机监控熔池和照明源的激光送丝 DED，以获得高质量图像[59]。此外，光谱仪被用来密切监测熔池中产生的等离子体流的发射率。结果表明，随着电压和激光功率的增加，晶粒变粗。在 Heraticét 等的另一项研究中，使用了两个摄像头的组合，一个用于测量熔池顶部的宽度，并与激光器同轴对齐，另一个用于测量层高度[60]。在设置中，没有考虑温度。作者通过改变激光功率来修正熔道的宽度和高度，以产生一个稳定的过程。通过开发一种控制算法来整合他们的三维扫描数据，进一步扩展了他们的研究[61]。在他们的研究中，他们设法通过迭代学习的方法来调整熔道的高度和宽度，从而生产出一个高精度的部件。

7.2.3 在线控制和监测设置汇总

本节汇总了 7.2.2 节中提到的最近审查的文章。过程控制和监控中使用的大多数测量技术使用的都是非接触式传感器。表 7.1 对不同过程的一些现有过程控制和监控装置进行了汇总。

在以上研究的综述中，温度分布均被视为生产优质零件的最关键因素。本文讨论的原位监测方法主要集中在获得与层表面和熔池有关的数据。这些综述还强调了过程控制对生产高质量和高可靠性零件的重要性。从反馈系统获得的数据是改变输入变量以获得理想成形环境所必需的。详细的数据采集机制和全面的算法是实现闭环反馈的必要条件。总之，原位监测和闭环过程控制是生产高质量零件的关键。为了取得成功，需要有过程控制的先验知识。

表 7.1 过程中控制和监控装置汇总

种类	工艺类型	输入变量	被测变量	传感器	参考文献
PBF	SLM/EBM	激光功率/束流	熔池温度	CCD/CMOS 摄像机	[29-33, 35, 38]
				红外摄像机	[36-37, 42-48]
			局部温度	高温计/光电二极管	[29-33, 35, 62]
DED	LENS/激光送丝/电子束送丝	激光功率/光束电流	熔池温度	CCD/CMOS 摄像机	[28, 49, 51, 55, 58-59]
				红外摄像机	[50, 52]
			局部温度	高温计/光电二极管	[28, 49, 51-52, 56-57]
			高度	位移传感器	[57]
				CCD/CMOS 摄像机	[28, 60-61]

7.3 建模的前沿研究综述

过程模型是实际过程的数学抽象。只要输入参数已知，它们就可以表征过程行为。这些过程模型的有效性范围决定了它们可能被使用的场合。

增材制造中的过程模型是任何仿真或过程控制方案的基石。仿真的准确性在很大程度上取决于过程模型的准确性和全面性。模型用于连续过程的控制、过程动力学特性的研究、优化过程设计或计算过程的最佳工作条件。

增材制造中基于激光的增材制造过程的大多数最新模型都聚焦于以下输入参数[19]：

（1）热辐射源（激光束）特性；

（2）基于体素或粒子的材料域；

（3）边界条件；

（4）材料热-机性能。

热辐射源（如激光束）的特性包括其相关的功率输出、扫描速度、脉冲和光斑尺寸。材料域代表材料的形式，如固体金属或粉末。边界条件通常是绝热或等温条件下受热面上的辐射和对流[19]。

过程模型可大致分为数值模型（通常通过多物理有限元分析进行建模）或分析模型（按不同量级的尺寸、几何、比例以及不同的现象或子过程进行建模）[19]。

典型的有限元过程建模方法使用体素来表示固体金属域。能量源，通常是激光或电子束，被建模为具有高斯形状表面通量的热源，由可变的光束直径和功率组成[63]。用粒子域进行过程建模的一种方法是格子玻尔兹曼方法（lattice boltzmann method，LBM）。用粒子代替纳维-斯托克斯（Navier-Stokes）方程，该方法可以模拟物理现象，这些物理现象可能包含额外的"不可控"因素，如粉末密度、粉末床的随机效应等。LBM 允许提取参数关系，然而，这是计算密集型的，并且需要对同一模型进行许多模拟以获得期望的结果[64]。

7.4 增材制造过程建模的商业解决方案

由于增材制造技术已经在市场上应用了几十年，因此有多家公司开发了商业软件来模拟增材制造过程，这一点也不奇怪。这些软件旨在获得良好的效果，同时减少实际打印过程中的成形时间。本节将讨论 Simufact Engineering GmbH、ESI 和 Autodesk 公司开发的软件包。这些公司提供的软件包具有预测缺陷的能力，如变形和残余应力。此外，它还允许用户验证他们的打印策略。在最后一节中，讨论了市场上现有机器的当前商业解决方案。

7.4.1 Simufact Additive 软件

2016 年，位于德国的软件公司 Simufact Engineering GmbH 推出了 Simufact Additive 软件，为金属基增材制造工艺的模拟提供了解决方案。该软件能够模拟金属基增材制造过程，如 SLM 和 EBM，范围从打印作业开始到如热处理和支撑结构移除这样的后处理步骤。

Simufact Additive 软件的初始版本具备模拟打印的金属零件的变形和残余应力的能力。这包括一种用于预测变形和残余应力的快速机械方法，达到完全热-机耦合瞬态分析。可以建立温度史和获得的微观结构与性能的关系，并用于随后的结构模拟。

通过面向真实工艺流程的图形用户界面环境，使用 CAD 数据进行建模。该软件基于一种直观的方法，即首先通过零件及其支撑结构的几何设计来定义一般过程。然后定义制造参数以进行分析和生成结果[65]。

7.4.2 ESI-Additive Manufacturing 工具

ESI 已经开发了一些工具，这些工具集中在热源和粉末相互作用问题上，以识别缺陷以及烧结过程中的残余应力。建模解决方案提供了变形工具来预测在构建过程中以及从机器上取下后打印制件的变化。这些工具被合并到一个统一的集成计算材料工程（ICME）平台中[66]。

7.4.3　Netfabb Simulation 软件

使用 Autodesk 公司的该软件进行的仿真可以对变形进行预测和改变。这给予设计人员和工程师进行优化设计的灵活性，并压缩了获得一致的成形结果所需的迭代过程。仿真还允许用户验证各种成形策略[67]。

目前由金属基增材制造生产的所有零件几乎都需要如机械加工这样的后处理，以获得所需的最终几何形状和表面粗糙度。仿真结果进一步缩短了工艺流程，从而提高了制造过程的整体效率。此外，模拟结果可以准确地确定生产实际零件所需的最佳过程参数，节省了大量的参数优化时间。一些功能包括通过利用六面体单元和网格的可加性来自动划分网格。多尺度模拟方法缩短了完成仿真过程所需的时间。Netfabb 还能够预测粉末床打印过程中的潜在故障，从而避免设备损坏。使用软件工具（如 Netfabb）进行模拟，有助于最大限度地减少对刮刀造成的潜在损害，避免不良后果，如代价高昂的停机时间和生产延迟[67]。

7.4.4　目前商业过程控制解决方案

过程控制的实现仍被认为处于早期发展阶段。与 PBF 相比，DED 系统更容易实现实时控制，因为工艺速度较慢，熔池较大。2009 年，Optomec 公司开发了 LENS MR-7，它集成了一个闭环熔池控制系统，该系统带有监控温度和冷却速度的热摄像头[68]。该系统被美国海军用于各种与修理和制造新原型有关的开发工作[69]。Sciaky 公司开发了一种商用层间实时成像和传感系统（Inter layer real-time imaging and sensing system，IRISS），该系统被整合到他们的电子束增材制造（electron beam additive manufacturing，EBAM）系统中。IRISS 提供闭环控制，使 EBAM 机器能够生产具有高几何、机械和微观结构重复性的零件[70-71]。2016 年，Concept Laser GmbH 开发了 QMmeltpool 3D，这是一种商业监控系统，旨在检测可能的缺陷，并提供实时监控。

近年来，第三方公司通过将其监控技术融入现有的商用机器中来开发这种控制和监控系统的趋势正在上升。Sigma Labs Inc、Stratonics Inc 和 Plasmo Industrietechnik GmbH 是少数几家已经开发出这种商业能力的公司，为 DED 和 PBF 工艺提供附加的过程监测和控制解决方案[72-76]。然而，第三方解决方案对知识产权保护的关注仍然是一个敏感问题。

7.5　问　　题

（1）SLM 过程的控制目标是什么？

（2）过程控制中常用的传感器是什么？

（3）为了提高图像质量，视觉监控系统中可以使用哪些附加设备？

（4）目前有哪些商业化的工艺建模解决方案？它们对增材制造研究领域有何益处？

（5）列出激光增材工艺模型的最常用输入参数。

参 考 文 献

［1］ C. K. Chua, K. F. Leong. 3D Printing and Additive Manufacturing: Principles and Applications, fifth ed., W orld Scientific Publishing Company, Singapore, 2017.

［2］ C. K. Chua, M. V. Matham, Y. J. Kim. Lasers in 3D Printing and Manufacturing, World Scientific Publishing Company, Singapore, 2017.

［3］ C. K. Chua, W. Y. Y eong. Bioprinting: Principles and Applications, World Scientific Publishing Company, Singapore, 2014.

［4］ IDTechEx. 3D printing of metals 2015-2025. Available from: http://www. idtechex. com/research/reports/3d-printing-of-metals-2015-2025-000441. asp, 2015.

［5］ T. Wohlers. 3D printing state of the industry. Available from: http://cgd. swissre. com/risk_dialogue_magazine/3D_printing/3D_Printing_State_of_the_Industry. html, 2016.

［6］ M. K. Regan. Airplanes to medical devices, pioncering 3D printed titanium. Available from: http://blogs. ptc. com/2014/03/11/airplanes-to-medical-devices-pioneering-3D-printed-titanium/, 2014.

［7］ J. -Y. Lee, W. S. T an, J. An, et al. The potential to enhance membrane module design with 3D printing technology, J. Membr. Sci. 499 (2016) 480-490.

［8］ J. S. Panchagnula, S. Simhambhatla. Inclined slicing and weld-deposition for additiv-e manufacturing of metallic objects with large overhangs using higher order kinematics, Virtual Phys. Prototyp. 11 (2016) 99-108.

［9］ W. S. Tan, C. K. Chua, T. H. Chong, et al. 3D printing by selective laser sinter-ing of polypropylene feed channel spacers for spiral wound membrane modules for the water industry, Virtual Phys. Prototyp. 11 (2016) 151-158.

［10］ Y. Y. C. Choong, S. Maleksaeedi, H. Eng, P. -C. Su, et al. Curing characteristics of shape memory polymers in 3D projection and laser stereolithography, Virtual Phys. Prototyp. (2016) 1-8.

［11］ Z. X. Khoo, J. E. M. Teoh, Y. Liu, et al. 3D printing of smart materials: a review on recent progresses in 4D printing, Virtual Phys. Prototyp. 10 (2015) 103-122.

［12］ M. Vaezi, S. Yang. Extrusion-based additive manufacturing of PEEK for biomedical applications, Virtual Phys. Prototyp. 10 (2015) 123-135.

［13］ K. K. Wong, J. Y. Ho, K. C. Leong, et al. Fabrication of heat sinks by Selective Laser Melting for convective heat transfer applications, Virtual Phys. Prototyp. 11 （2016） 159-165.

［14］ W. Wu, S. B. T or, C. K. Chua, et al. Investigation on processing of ASTM A131 Eh36 high tensile strength steel using selective laser melting, V-irtual Phys. Prototyp. 10 （2015） 187-193.

［15］ C. Y. Yap, C. K. Chua, Z. L. Dong. An effective analytical model of selective laser melting, Virtual Phys. Prototyp. 11 （2016） 21-26.

［16］ C. Y. Yap, C. K. Chua, Z. L. Dong, et al. Review of selective laser melting: materials and applications, Appl. Phys. Rev. 2 （2015） p. 041101.

［17］ I. Gibson, D. Rosen, B. Stucker. Additive Manufacturing T echnologies, Springer V-erlag, New York, 2015.

［18］ W. J. Sames, F. A. List, S. Pannala, et al. The metallurgy and processing science of metal additive manufacturing, Int. Mater. Rev. （2016） 1-46.

［19］ M. Mani, B. M. Lane, M. A. Donmez, et al. A review on measurement science needs for real-time control of additive manufacturing metal powder bed fusion processes, Int. J. Prod. Res. （2016） 1-19.

［20］ N. I. S. T. Energetics Inc. Measurement science roadmap for metal-based additive manufacturing, NIST （2013） 1-78.

［21］ D. L. Bourell, M. C. Leu, D. W. Rosen. Roadmap for additive manufacturing - identifying the future of freeform processing, The University of T exas at Austin （2009） 2-92.

［22］ K. Zeng, D. Pal, B. Stucker. A review of thermal analysis methods in laser sintering and selective laser melting, in Solid Freeform Fabrication Symposium Austin, TX, USA, 2012, pp. 796-814.

［23］ D. Litwiller. CMOS vs. CCD: maturing technologies, maturing markets, Photonics spectra 39 （8） （2005） 54-61.

［24］ D. Litwiller. CCD vs. CMOS: facts and fiction, Photonics spectra 35 （1） （2001） 154-158.

［25］ Teledyne DALSA Inc. CCD vs. CMOS: which is better? It's complicated. Available from: http://www. teledynedalsa. com/imaging/knowledge-center/appnotes/ccd-vs-cmos/, 2013.

［26］ FLIR Systems Inc. What is infrared? Available from: http://www. flir. com/about/display/? id=41528, 2016.

［27］ Wikipedia. Thermogrpahic camera. Available from: https://en. wikipedia. org/wiki/Thermographic_camera, 2016.

［28］ L. Song, V. Bagavath-Singh, B. Dutta, et al. Control of melt pool temperature and deposition height during direct metal deposition process, Int. J. Adv. Manufact. T echnol. 58 （2012） 247-256.

［29］ J. -P. Kruth, P. Mercelis. Procedure and apparatus for in - situ monitoring and feedback control of selective laser powder processing, Google Patents, 2007.

[30] T. Craeghs, S. Clijsters, E. Y asa, et al. Determination of geometrical factors in layerwise laser melting using optical process monitoring, Opt. Lasers Eng. 49 (2011) 1440-1446.

[31] T. Craeghs, F. Bechmann, S. Berumen, et al. Feedback control of layerwise laser melting using optical sensors, Phys. Procedia 5 (2010) 505-514.

[32] T. Craeghs, S. Clijsters, J. -P. Kruth, et al. Detection of process failures in layerwise laser melting with optical process monitoring, Phys. Procedia 39 (2012) 753-759.

[33] S. Clijsters, T. Craeghs, S. Buls, et al. In situ quality control of the selective laser melting process using a high - speed, real - time melt pool monitoring system, Int. J. Adv. Manufact. Technol. 75 (2014) 1089-1101.

[34] I. Yadroitsev, P. Krakhmalev, I. Yadroitsava. Selective laser melting of Ti-6Al-4Valloy for biomedical applications: temperature monitoring and microstructural evolution, J. Alloys Compd. 583 (2014) 404-409.

[35] Y. Chivel, I. Smurov. On-line temperature monitoring in selective laser sintering/melting, Phys. Procedia 5 (2010) 515-521.

[36] F. Bayle, M. Doubenskaia. Selective laser melting process monitoring with high speed infra-red camera and pyrometer, in: Fundamentals of Laser Assisted Micro-and Nanotechnologies, Proceedings of SPIE—The International Society for Optical Engineering (2008) p. 698505.

[37] H. Krauss, C. Eschey, M. Zaeh. Thermography for monitoring the selective laser melting process, in: Solid Freeform Fabrication Symposium, Austin, TX, USA, 2012, pp. 999 - 1014.

[38] P. Lott, H. Schleifenbaum, W. Meiners. Design of an optical system for the in situ process monitoring of selective laser melting (SLM), Phys. Procedia 12 (2011) 683-690.

[39] L. E. Loh, Z. H. Liu, D. Q. Zhang, et al. Selective Laser Melting of aluminium alloy using a uniform beam profile, Virtual Phys. Prototyp. 9 (2014) 11-16.

[40] Y. Kok, X. Tan, S. B. Tor, et al. Fabrication and microstructural characterisation of additive manufactured Ti-6Al-4V parts by electron beam melting, Virtual and Phys. Prototyp. 10 (2015) 13-21.

[41] Y. H. Kok, X. P. Tan, N. H. Loh, et al. Geometry dependence of microstructure and micro-hardness for selective electron beam-melted Ti-6Al-4Vparts, Virtual Phys. Prototyp. 11 (2016) 183-191.

[42] J. Mireles, C. Terrazas, S. M. Gaytan, et al. Closed-loop auto-matic feedback control in electron beam melting, Int. J. Adv. Manufactur. T echnol. 78 (2015) 1193-1199.

[43] J. Mireles, C. Terrazas, F. Medina, et al. Automatic feedback control in electron beam melting using infrared thermography, Solid Freeform Fabrication Symposium, Austin, TX, USA, 2013, pp. 708-717.

[44] E. Rodriguez, F. Medina, D. Espalin, et al. Integration of a thermal imaging feedback control

system in electron beam melting, in: Solid Freeform Fabrication Symposium, Austin, TX, USA, 2012, pp. 945-961.

[45] R. B. Dinwiddie, R. R. Dehoff, P. D. Lloyd, et al. Thermographic insitu process monitoring of the electron-beam melting technology used in additive manufacturing, in: SPIE Defense, Security, and Sensing, 2013, pp. 87050K-9

[46] S. Price, J. Lydon, K. Cooper, et al. Experimental temperature analysis of powderbased electron beam additive manufacturing, in: Solid Freeform Fabrication Symposium, Austin, TX, USA, 2013, pp. 162-173.

[47] S. Price, K. Cooper, K. Chou. Evaluations of temperature measurements by near-infrared thermography in powder-based electron-beam additive manufacturing, in: Solid Freeform Fabrication Symposium, Austin, TX, USA, 2012, pp. 761-773.

[48] J. Schwerdtfeger, R. F. Singer, C. Körner. In situ flaw detection by IR-imaging during electron beam melting, Rapid Prototyp. J. 18 (2012) 259-263.

[49] G. Bi, A. Gasser, K. Wissenbach, et al. Characterization of the process control for the direct laser metallic powder deposition, Surf. Coat. T echnol. 201 (2006) 2676-2683.

[50] W. Devesse, D. De Baere, M. Hinderdael, et al. Hardware-in-the-loop control of additive manufacturing processes using temperature feedback, J. Laser Appl. 28 (2016) 1-8.

[51] H. Köhler, V. Jayaraman, D. Brosch, et al. A novel thermal sensor applied for laser materials processing, Phys. Procedia 41 (2013) 502-508.

[52] I. Smurov, M. Doubenskaia, A. Zaitsev. Comprehensive analysis of laser cladding by means of optical diagnostics and numerical simulation, Surf. Coat. T echnol. 220 (2013) 112-121.

[53] P. Balu, P. Leggett, R. Kovacevic. Parametric study on a coaxial multi-material powder flow in laser-based powder deposition process, J. Mater. Process. T echnol. 212 (2012) 1598-1610.

[54] I. Smurov, M. Doubenskaia, A. Zaitsev. Complex analysis of laser cladding based on comprehensive optical diagnostics and numerical simulation, Phys. Procedia 39 (2012) 743-752.

[55] J. Pekkarinen, V. Kujanpää, A. Salminen. Laser cladding with scanning optics: effect of power adjustment, J. Laser Appl. 24 (2012) 032003.

[56] T. Furumoto, T. Ueda, M. R. Alkahari, et al. Investigation of laser consolidation process for metal powder by two-color pyrometer and high-speed video camera, CIRP Annals Manufact. T echnol. 62 (2013) 223-22.

[57] L. Tang, R. G. Landers. Melt pool temperature control for laser metal deposition processes—part I: online temperature control, J. Manufact. Sci. Eng. 132 (2010) 011010.

[58] J. N. Zalameda, E. R. Burke, R. A. Hafley, et al. Thermal imaging for assessment of electron-beam freeform fabrication (EBF3) additive manufacturing deposits, in: SPIE Defense, Security, and Sensing, 2013, p. 87050M-8.

[59] S. Liu, W. Liu, M. Harooni, et al. Real-time monitoring of laser hot-wire cladding of inconel

140

625, Opt. Laser T echnol. 62（2014）124-134.

[60] A. Heralic′et, A. -K. Christiansson, M. Ottosson, et al. Increased stability in laser metal wire deposition through feedback from optical measurements, Opt. Lasers Eng. 48（2010）478-485.

[61] A. Heralic′et, A. -K. Christiansson, B. Lennartson. Height control of laser metal-wire deposition based on iterative learning control and 3D scanning, Opt. Lasers Eng. 50（2012）1230-1241.

[62] C. K. Chua, K. F. Leong. 3D printing and additive manufacturing: principles and applications: W orld Scientific Publishing Company 2014.

[63] R. B. Patil, V. Y adava. Finite element analysis of temperature distribution in single metallic powder layer during metal laser sintering, Int. J. Mach. T ools Manufact. 47（2007）1069-1080.

[64] C. Körner, E. Attar, P. Heinl. Mesoscopic simulation of selective beam melting processes, J. Mater. Process. T echnol. 211（2011）978-987.

[65] Metal-AM. Simufact to launch process simulation software solution for metal additive manufacturing. Available from: http://www. metal-am. com/simufact-launch-processsimulation-software-solution-metal-additive-manufacturing/, 2016.

[66] ESI-Additive manufacturing. Using simulation to model metallic additive manufacturing processes. Available from: https://www. esi-group. com/software-solutions/virtual manufacturing/additive-manufacturing, 2016.

[67] Autodesk Netfabb. Autodesk launches Netfabb 2017 solution for additive manufac-turing. Available from: https://www. netfabb. com/blog/autodesk-launches-netfabb-2017-solution-additive-manufacturing, 2016.

[68] OPTOMEC, LENS MR-7 systems. Available from: http://www. optomec. com/3d-printed-metals/lens-printers/metal-research-and-development-3d-printer/, 2016.

[69] Industrial Laser Solutions, LENS MR-7 system to be used for next generation lase-r additive manufacturing. Available from: http://www. industrial-lasers. com/articles/2009/10/lens-mr-7-system-to-be-used-for-next-generation-laser-additive-manufacturing. html, 2016.

[70] Sciaky Inc, Make metal parts faster & cheaper than ever with electron beam additive manufacturing（EBAM™）systems or services. Available from: http://additivemanu-facturing. com/2015/08/24/endless-possibilities-with-sciakys-expanded-lineup-of-electron-beam-additive-manufacturing-ebam-systems/, 2017.

[71] AMazing, Endless possibilities with Sciaky's expanded lineup of electron beam additive manufacturing（EBAM）systems. Available from: http://additivemanufacturing. com/2015/08/24/endless-possibilities-with-sciakys-expanded-lineup-of-electron-beam-additive-manufacturing-ebam-systems/, 2017.

[72] C. Scott. Sigma labs releases latest version of PrintRite3D INSPECT software, based on early

adopter feedback. Available from: https://3dprint. com/147115/sigma-labs-printrite3d-in-spect/, 2016.

[73] Sigma Labs . Process control and quality assurance software for additive manufacturing. Available from: https://www. sigmalabsinc. com/products, 2016.

[74] M. Molitch-Hou. For Stratonics and metal 3D printing, the heat is on. Available from: http://www. engineering. com/AdvancedManufacturing/ArticleID/13133/For-Stra-tonics-and-Metal-3D-Printing-the-Heat-Is-on. aspx, 2016.

[75] Stratonics Inc, Sensors. Available from: http://stratonics. com/systems/sensors/, 2016.

[76] EOS GmbH, 2014. EOS and plasmo join forces in the field of online process monitoring for additive serial manufacturing. Available from: https://www. eos. info/eos_plas-mo_online_process_monitoring_for_additive_manufacturing.

第8章　增材制造测试工件

8.1　测试工件的设计

测试工件已用于评估个别过程或在各个过程之间进行比较，以确定这些过程对不同应用的适用性。测试工件应该包含能对某些过程进行量化的多种特性。图 8.1 显示了一个简单的测试工件样本。

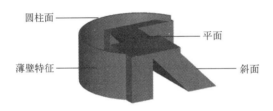

图 8.1　测试工件样本

8.1.1　工件设计的考虑

在工件设计中，标准的基准测试不仅应提供途径来突出显示机器或流程的错误和/或限制，还应该能够将错误和限制与特定因素建立关联。测试工件还应包括多个相同的特征，以保证能进行重复性测试，并测试在工件的不同位置加工相同特征的工艺能力。但是，这不会测试工艺的整体可重复性。

已识别出的、可由增材制造技术制造的关键特征包括[1]：直线特征、平行和垂直特征、圆形和弧形特征、细微特征、自由形态物征、孔和凸台、悬垂。

8.1.2　单个过程基准测试件

每当市场上有新工艺或新材料时，都需要基准测试件来保证工艺优化或改进[2-4]。Hopkinson 和 Sercombe 使用了一个由多个阶梯组成的零件来研究选区激光烧结（selective laser sintering，SLS）的精度[5]。Campanelli 等使用设计好的工件找到用于提高立体光刻（STL）尺寸精度的优化参数。这些工件中，包

143

括了足够数量的中小型尺寸零件，以模拟诸如珠宝行业中的小型应用。尺寸精度评定采用凸体和空腔，不同角度的平面和重叠圆柱体用于确定倾角和垂直度等位置误差。圆柱面也可以用来测量锥度[6]。Sing 等利用图 8.2 所示的两种不同点阵结构设计作为样品，以研究选区激光熔化过程在细杆生产中的局限性[7]。

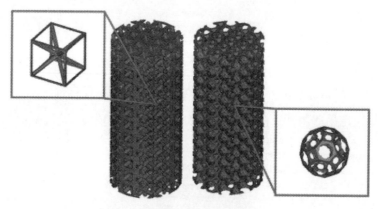

图 8.2　点阵结构的基准测试件

Yap 等设计了一些基准测试件，以确定喷墨打印在不同厚度和高度的尺寸精度方面的优化参数[8]。图 8.3 显示了用于研究喷墨打印在生产小部件和薄壁特征时局限性的基准测试件的一个示例。

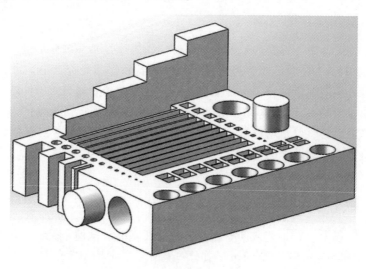

图 8.3　用于表征小特征和薄壁的基准测试件

另外，也可以设计如图 8.4 所示的基准测试件，来检查通过在后处理后去除未熔融部分而实现的喷墨印费装配零件的几何尺寸限制。

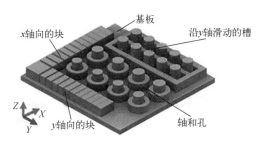

图 8.4　用于检查去除未熔融部分所需最小间隙的基准测试件

8.1.3　过程之间的比较

随着增材制造能力的提高和普及度的提高，不同制造商针对同一工艺制造的机器平台数量也随之增加，所以需要比较它们之间的工艺能力。

Childs 和 Juster 设计了一个工件来测试不同工艺的几何功能、公差、极限和可重复性，如选区激光烧结、层压物体制造（laminated object manufacturing，LOM）和熔融沉积成形（fused deposition modeling，FDM）。该零件包括一个方形底座，可以测量平面度、直线度和直角。还包括圆柱体以测量同心度[9]。Xu 等使用定制的工件来研究使用不同工艺（如立体光刻、SLS、FDM 和 LOM）制造零件的尺寸精度和表面粗糙度，包括精细结构、悬垂、大平面和小间隙等特征[10]。

然而，Mahesh 等使用了不同的基准测试件，包括新的几何特征，如自由曲面和成功-失败特征，对相同的工艺进行了比较[11-12]。该工件还用于在原理相似的工艺之间进行比较，如金属激光烧结（direct metal laser sintering，DMLS）、SLM 和 SLS。Abdel Ghany 和 Moustafa 使用一个玻璃瓶的半模作为基准测试件。它包括复杂的结构，例如细孔、冷却通道、带有尖锐边缘和角落的文字、圆角、倒角和薄壁等[13]。Lee 等为微流控芯片应用设计了一个基准测试件，以比较 PolyJet 和 FDM 基准测试件的打印分辨率、准确性、可重复性、圆度、表面粗糙度和水接触角[14]。在他们的工作中，根据尺寸精度和表面质量（取决于打印方向）来表征喷墨打印工艺的处理能力。NIST 还发布了标准的基准测试件，以研究 SLM 和增材制造过程的性能和功能[15]。还建议通过 ASTM F42 增材制造委员会对测试工件设计进行正式标准化。

8.2 计量学方法

本节讨论几何产品物理特性的一些测量方法。下面进一步列出了增材制造零件中通常报告的一些特征：①直线度、圆度和粗糙度，②孔隙率和密度，③尺寸。

以下各节将讨论有关每种特性的标准和测量方法的说明。

8.2.1 直线度、圆度和粗糙度

用于指导零件的直线度、圆度和粗糙度的测量而制定的标准如下。

ISO 12780《技术规范—产品几何技术规范（GPS）—直线度》：本标准讨论属于产品几何技术规范之一的直线度的概念。本标准包括两个部分。第 1 部分（ISO 12780—1：2011）涉及最基础的直线度的概念，以及描述直线度的词汇/术语；第 2 部分（ISO 12780—2：2011）讨论规范操作。ISO 12780—1 讨论了有关轮廓、参考线和过滤功能。ISO 12780—2 讨论了有关完整的规范操作，例如，根据要测量的系统选择适当的传输频带。

ISO 12181《产品几何技术规范（GPS）—圆度》：本标准讨论了属于产品几何技术规范之一的圆度的概念。本标准包括两个部分。第 1 部分（ISO 12181—1：2011）涉及圆度的基本概念和描述圆度的词汇/术语。第 2 部分（ISO 12181—2：2011）详细说明了规范操作。ISO 12181—1 讨论了轮廓、圆、参考圆和过滤功能。ISO 12181—2 讨论了完整的规范操作，例如，根据要测量的系统选择适当的传输频带。

ASTM D7127《用便携触针式仪器测量经喷砂清理的金属表面粗糙度的标准试验方法》。本标准描述了用触针表面轮廓仪来评估表面参数时以及与数据采集用触针仪器设置相关的一些注意事项。其中讨论了评估长度、采样长度、仪器校准以及表面参数的计算。

8.2.2 孔隙率和密度

多孔材料的密度可以定义为表观密度或真密度[16]。表观密度 Q_a 定义为材料每单位外部体积的质量，而真密度 Q_t 定义为单位实际体积的质量[16]。外部体积包含与给定质量的材料相关的气孔，而实际体积不包括材料[16]质量中的任何气孔。可以用以下公式[16]计算率孔隙率 ε。

$$\varepsilon = 1 - \frac{Q_a}{Q_t}$$

一般采用阿基米德原理测量材料的真密度，即使用比重计进行排水法测量。然而，用润湿性液体浸润材料是非常重要的，否则排开的体积不能代表材料的实际体积。另外，用 X 射线衍射法[16]可以测量出样品的真实体积。

有两种简单的方法来测量多孔材料的表观密度。第一种是使用非润湿液体进行的排液法[16]。这种方法的一个缺点是静压力会将液体压入孔隙，导致估算的外部体积变小。第二种方法是在多孔材料上涂敷不渗透涂层，然而，很难确保涂层不被吸进气孔中。ASTM B962 描述了一种测量多孔材料（如粉末冶金产品）[17]的测试方法。

ASTM B962《用阿基米德原理测定压实或烧结粉末冶金（PM）产品密度的标准试验方法》，本标准提供一种测定通常具有表面连通气孔的粉末冶金产品密度的方法。本标准适用于绿色、致密、烧结的零件。本标准描述了密度测量所需的标准试验程序、仪器和材料。由于多孔件浸泡在水槽中会产生干扰，因此首先将多孔件浸泡在油槽中，防止空隙被填满。试样的密度可以用文件中提供的基本公式计算出来。

8.2.3　零件的尺寸

零件的尺寸可以用游标卡尺和直尺简单地测量。通常，为了达到更高的精度，可以使用光学显微镜（OM）、扫描电子显微镜（SEM）或 X 射线微断层摄影术（μCT）的放大图像进行测量。对于直接测量的零件，可以使用坐标测量机（CMM）。OM 使用可见光或激光和一套不同放大倍数的透镜系统来捕捉较小样本的图像。图 8.5 给出了金属零件 OM 图像的示例。

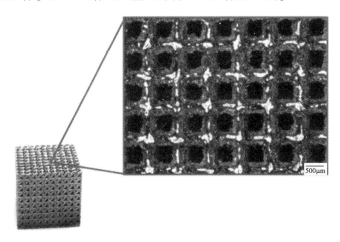

图 8.5　金属零件 OM 图像

扫描电子显微镜通过聚焦电子束扫描样品产生图像。当电子与样品中的原子相互作用并产生与原始光束位置一起被探测到的信号时，就可以获得图像。图 8.6 显示了一个金属零件的 SEM 图像示例。

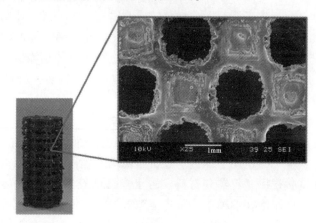

图 8.6　金属零件的 SEM 图像

三坐标测量机是精密工程中常用的测量方法。它使用一个探针（可以是机械的、光学的或激光的）来获得一个相对于预定的原点在三个坐标轴上的位置的点。利用这些精确的坐标生成点，然后使用回归算法对点进行分析，得到重建的特征或测量值。CT 使用 X 射线获取零件的横截面，然后用于构建虚拟的三维模型。构建的模型可以用于后续的测量。

8.3　机械测量方法

增材制造的材料特性通常可以在供应商提供的数据表中找到，也可以进行单独的试验。工程师根据不同应用所要求的力学性能来选择合适的材料打印零件。本节介绍一些通常用于增材制造材料的试验和报告的力学性能。本节的目的是介绍试验，而不会深入这些试验方法的理论力学细节。还需要注意的是，所显示的试验结果不是本节的讨论内容。本节旨在介绍增材制造聚合物和金属的机械测量方法的当前商业和研究现状。列出了相关的标准试验方法和典型的试验参数。鼓励读者参考所列的标准和参考文献，以获得试验方法的更详细推导[18-19]。

8.3.1　聚合物

增材制造聚合物通常测试的力学性能是拉伸性能、压缩性能、弯曲性能和冲击强度。

此外，对于液体基材料，以下特性对于确保打印零件的性能至关重要：吸水性、打印密度。

测试的细节将在下面的部分中解释。

1. 拉伸性能测定方法

拉伸性能显示了材料对所施加张力的反应。拉伸试验能够显示材料承受拉伸载荷的能力。它们还可以测量材料在拉伸应力下变形的能力。聚合物的拉伸试验用于确定拉伸强度、拉伸模量、拉伸应变，以及屈服或断裂的延伸率。这些特性对于决定材料是否适合特定的应用，或者在特定的应力下是否会失效是重要的。

测量塑料拉伸性能的试验方法由以下标准提供：

- ASTM D638《塑料拉伸性能的标准试验方法》；
- ISO 527—2《塑料拉伸性能的测定—第 2 部分：模塑和挤出塑料的试验条件》。

两个标准都用不同的狗骨试件进行不同类型材料的试验。图 8.7 所示为正在测试的狗骨拉伸试样。

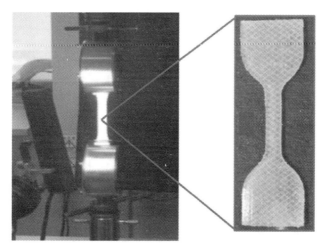

图 8.7　聚合物拉伸测试的典型设置和测试样品

从聚合物零件的拉伸试验获得的重要结果包括模量、屈服强度、极限拉伸强度和延伸率。

模量测量的是材料的刚度。它定义为弹性材料的应力和应变关系，用下式表示：

$$E = \frac{\sigma}{\varepsilon}$$

式中：E 为模量；σ 为拉应力；ε 为对应的拉应变。拉应力和拉应变可由下式求得

$$\sigma = \frac{F}{A}$$

$$\varepsilon = \frac{\Delta L}{L}$$

式中：F 为施加的拉力；A 为试样的横截面积；ΔL 为试样在加载方向上的长度变化量；L 为试样[20]的原始长度。

材料的屈服强度定义为材料开始塑性变形时的应力，极限抗拉强度（UTS）是材料承受载荷的能力，延伸率是材料延展性的衡量。延伸率是在拉伸试验中，材料在破坏前所能承受的应变量。

聚合物拉伸试验的典型参数如表 8.1 所示。

表 8.1　聚合物的拉伸性能

工艺和材料	测试方法	E/MPa	屈服强度 /MPa	UTS /MPa	屈服延伸率 /%	断裂延伸率 /%	参考文献
FDM ABS（ABSplus - P430)	ASTM D638	2200	31	33	2	6	[21]
Polyjet VeroWhitePlus（RGD835）温度 100℃	ASTM D638	2000~3000	—	50~65	—	10~25	[22]

2. 压缩性能测量方法

压缩试验显示了材料在被压缩时的反应。压缩试验能够确定材料在破断载荷下的行为或响应，并测量材料的塑性流动行为和韧性断裂极限。压缩试验是测量脆性材料或低延性材料的弹性和压缩断裂性能的重要手段。压缩试验也用于确定弹性模量、比例极限、压缩屈服点、压缩屈服强度和压缩强度。这些特性对于决定材料是否适用于特定的应用，或者在特定的应力下是否会失效是很重要的。可以使用以下标准对聚合物增材制造部件进行压缩试验：

- ASTM D695《刚性塑料压缩性能的标准试验方法》；
- ISO 604《塑料压缩性能的测定。提供压缩性能的测试标准》。

测试样品应为长为其直径两倍的直圆柱或长为其宽两倍的直棱柱。图 8.8 显示了压缩试验中的聚合物试验件。

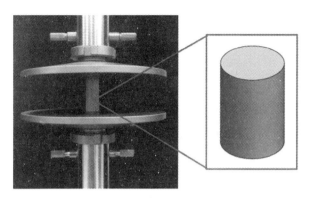

图 8.8 聚合物压缩测试和测试样品

压缩试验报告的典型参数如表 8.2 所示。

表 8.2 聚合物工艺材料的压缩性能

工艺	材料	E/MPa	屈服强度/MPa	UTS/MPa	参考文献
FDM，100%，加密，挤压温度340℃	PEEK	2016	71.15	83.61	[23]
FDM，100%，加密，挤压温度100℃	Polywax	—	—	18~20	[24]

3. 弯曲特性测量方法

弯曲试验测量材料在简支梁承荷时的行为。抗弯试验通过测定聚合物的抗弯强度和抗弯模量来确定材料延展性。弯曲模量表示材料在弯曲时的刚度，弯曲强度与材料在弯曲载荷作用下的抗变形能力有关。这些特性有助于确定材料在一定的应力或弯曲力下是否会开始断裂或完全断裂。这可能会导致材料在应用中出现灾难性的失效。

弯曲试验可采用以下标准进行：

- ASTM D790《非增强和增强塑料及电绝缘材料弯曲性能的标准试验方法》；
- ISO 178《塑料弯曲性能测定》。

试验样品为长方形，应符合 ASTM D5947 固体塑料样品物理尺寸标准试验方法。

图 8.9 显示了塑料 FDM 试样的三点弯曲试验。

商业材料数据表中所示的弯曲试验的典型参数如表 8.3 所示。

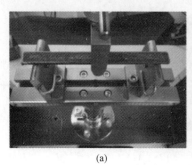 

(a)   (b)

图 8.9　（a）三点弯曲试验俯视图和（b）三点弯曲试验正视图

表 8.3　聚合物的弯曲性能

工艺	材料	测试方法	弯曲模量 /MPa	弯曲强度 /MPa	断裂时的弯曲应变 /%	参考文献
FDM XZ axis	ABS（ABSplus−P430）	ASTM D790	2100	58	2	[21]
PolyJet	VeroWhitePlus（RGD835）	ASTM D790	2200~3000	75~110	—	[22]

4. 冲击强度测量方法

冲击试验是利用突然的大力或冲击测试来确定材料承受或吸收能量的能力。由试验测得的能量可用于确定材料的韧性、抗断裂性、抗冲击性和冲击强度。这些对用于高冲击载荷下应用的材料选择是非常重要的。

冲击试验可采用下列标准进行。

- ASTM D6110《夏比—塑料缺口试样抗夏比冲击测定的标准试验方法》；
- ISO 179《塑料—夏比冲击特性的测定》。

两者都提供了夏比冲击试验的标准，然而，ISO 179 在试验参数上与 ASTM D6110 有许多不同。该试验给出了破坏试验件的能量值的结果。标准规定了各种试件的几何形状和试验前的注意事项。

- ASTM D256《塑料—悬臂梁冲击性能检测的标准试验方法》；
- ISO 180《悬臂梁—塑料—悬臂梁冲击强度的测定》。

两者都提供了悬臂梁冲击试验的标准。它类似于夏比冲击试验。然而，它有一些不同的参数，如切口几何形状、位置和方向等。

表 8.4 显示了商业可用材料数据表中冲击试验报告的典型参数。

表 8.4　聚合物的冲击性能

条　件	材　料	测试方法	悬臂梁缺口冲击/（J/m）	参考文献
FDM	ABS（ABSplus-P430）	ASTM D256	106	［21］
PolyJet	VeroWhitePlus（RGD835）	ASTM D256	20~30	［22］

5. 其他特性

对于生产后会因吸收环境中的水分而膨胀的液基材料，需要进行吸水试验。

- ASTM D570《塑料吸水试验方法》；
- ISO 62《塑料吸水率的测定》。

两者都提供了用来测量塑料吸水率的吸水试验的标准。

密度可以帮助确定强度重量比，接近100%的密度也意味着更少的孔隙。

- ASTM D792《位移法测定—位移法测定塑料密度和比重（相对密度）的标准试验方法》。

本标准提供了一种在23℃下用液体位移测定密度的方法。

- ISO 1183《塑料—非发泡塑料密度的测定方法》。

这类似于 ASTM D792，但还提供了在27℃时的测定方法。

商业可用材料数据表中报告的 PolyJet VeroWhitePlus 的典型参数如表 8.5 所示。

表 8.5　VeroWhitePlus 的其他属性

属　性	测试方法	数　据	参考文献
吸水率	ASTM D570	1.1%~1.5%	［21］
聚合密度	ASTM D792	1.17~1.18g/cm³	［22］

8.3.2　金属

金属同样需要进行力学性能测试。由于微观结构的类型和尺度直接关系到金属的力学性能，因此经常在检查金属微观结构的同时进行力学试验。ASTM 发布了 ASTM F3122 来评估通过增材成形的金属零件的力学性能。下面几节将简要解释一些常用的测试方法。

1. 拉伸性能测定方法

拉伸性能，如屈服强度和极限拉伸强度可以使用以下标准来确定：

- ASTM E8/8M《金属材料拉伸试验的标准试验方法》；
- ASTM E21《金属材料高温拉伸试验的标准试验方法》；

• ISO 6892《金属材料拉伸试验》。

试件有不同类型，包括平板状和圆柱形试件。标准中也规定了不同的加载条件，如应变速率。

典型的拉伸试验装置和试件如图 8.10 所示。金属拉伸试验报告的典型参数如表 8.6 所示。

图 8.10　金属试样的拉伸试验

表 8.6　金属试样拉伸试验结果

工艺	材料	样本取向	屈服应力 /MPa	UTS/MPa	延伸率 /%	参考 文献
激光熔融	Ti-6Al-4V	xy	1093±64	1279±13	6±0.7	[25]
EBM	Ti-6Al-4V	xz	950	1050	14	[26]

力学性能的范围随着试验结果的不同而变化，这取决于它们的预期应用以及加工条件[27]。零件加工条件，如热处理会影响材料的微观结构，进而导致得到的结果范围的变化[28-29]。

2. 压缩性能测定方法

金属的压缩性能的测定可按下述标准：

• ASTM E9《室温下金属材料压缩试验的标准试验方法》；

• ASTM E209《用常规或快速加热速率和应变速率在高温下对金属材料进行压缩试验的标准惯例》。

这些标准分别用于测试室温和高温下的抗压强度。可以得到应力-应变曲线、抗压强度和弹性模量。

典型的压缩试验装置和试验件如图 8.11 所示。金属压缩试验报告的典型参数如表 8.7 所示。

图 8.11 金属试样的压缩试验

表 8.7 金属试样压缩试验结果

条件	材料	孔隙度/%	E/GPa	抗压强度/MPa	参考文献
SLM	Ti	55	0.687	—	[7]
SLM	Ti-6Al-4V	70	5.1±0.3	155 ± 7	[24]

3. 硬度测定方法

硬度是金属受到外部施加压力时，对形状的各种永久变形的抵抗能力的度量。

- ASTM E10《金属材料布氏硬度的标准试验方法》；
- ISO 6506《金属材料布氏硬度试验》。

这些标准规定了布氏硬度试验方法。该试验采用球面在试样表面产生压痕，用压痕的直径来计算试样的硬度值。

- ASTM E384《材料微压痕硬度试验方法》；
- ISO 4545《金属材料努氏硬度试验》。

这些为努氏硬度和维氏硬度试验方法提供了标准，这些方法类似于布氏硬度试验，但压头是棱锥形，测量距离为压痕的对角线长度。努氏试验和维氏试验的锥面角不同。

- ASTM E18《金属材料洛氏硬度标准试验方法》。

它为使用棱锥压头或球面压头进行洛氏硬度测试提供了标准。不过,洛氏硬度试验在单个点上以递增的压力进行多次挤压。压头的深度由机器测量并直接给出。

金属硬度试验报告的典型参数如表 8.8 所示。

表 8.8　金属试样硬度试验结果

条　件	材　料	显微硬度(高压)	参考文献
SLM	Ti-6Al-4V	479~613	[29]
EBM	Ti-6Al-4V	358~387	[29]

4. 疲劳测量方法

疲劳是由于反复加载或循环加载而使材料变弱的现象。几乎没有发表过关于增材制造金属疲劳特性的研究。可用于测量金属疲劳的标准如下。

- ASTM E466《力控法对金属材料进行恒幅轴向疲劳试验的标准惯例》;
- ISO 1099《金属材料疲劳试验轴向力控法》。

这些为轴向力疲劳试验提供了标准。试验包括用周期性的力函数轴向拉伸一个试样,这个力函数通常是正弦的。

- ASTM 647《疲劳裂纹扩展速率测量的标准试验方法》;
- ISO 12108《金属材料疲劳试验疲劳裂纹扩展法》。

这些为缺口试样提供了标准,用于了解材料如何抵抗裂纹扩展。

- ASTM E2714《蠕变疲劳试验标准试验方法》。

这为蠕变疲劳试验方法提供了标准。该测试类似于高温下的疲劳测试,因此能够给出应变/应力随时间变化的曲线和应力-应变迟滞回线。

金属疲劳试验报告的典型参数见表 8.9。

表 8.9　金属试样疲劳试验结果

条　件	材　料	疲劳强度/MPa	疲劳寿命(循环)	参考文献
EBM	Ti-6Al-4V	441	—	[30]
EBM	Ti-6Al-4V	—	28961±5557	[31]

5. 断裂韧性测量方法

断裂韧性描述含有裂纹的材料抗断裂的能力。以下标准可用于测量金属的断裂韧性:

- ASTM E399《金属材料线性弹性平面应变断裂韧度 K_{IC} 的标准试验方法》;
- ISO 12737《金属材料平面应变断裂韧性的测定》;

- ASTM E1820《断裂韧性测量的标准试验方法》;
- ISO 12135《金属材料准静态断裂韧性测定的试验方法》。

它们为断裂韧性的测量提供了标准。

ASTM E399 给出断裂韧度 K_{IC} 值,ASTM E1820 从 r 曲线给出断裂韧性。

金属试样断裂韧性试验报告的典型参数如表 8.10 所示。

表 8.10 金属试样断裂韧性试验结果

条 件	材 料	方 向	$K_{IC}/$ (MPa/m)	参 考 文 献
EBM	Ti-6Al-4V	xz	78.1±2.3	[30]
EBM	Ti-6Al-4V	xy	96.9 ± 0.99	[30]

6. 其他特性

还有一些标准可考虑用于表征金属,具体如下:

- ASTM E292《材料断裂时间的缺口拉伸试验标准试验方法》。

这为获取断裂强度提供了标准。该试验获取用于破断一个有缺口的试件所花费的时间,可用于计算与光滑试件比较的断裂强度。

- ASTM E111《弹性模量、切线模量和弦向模量的标准试验方法》。

这为分别在按 ASTM E8 和 ASTM E9 进行的拉伸和压缩测试中获取杨氏模量提供了标准。

- ASTM E132《室温下泊松比的标准试验方法》。

这为确定泊松比提供了标准,即通过确定给定载荷下的横向和轴向变形来计算泊松比。

- ASTM E143《室温下剪切模量的标准试验方法》。

这为通过扭转找出剪切模量提供了标准。样品必须是圆柱或圆管,试验给出剪切应力-应变曲线用以获取剪切模量。

7. 挑战

由于增材制造的过程特性,增材制造零件通常是高度各向异性的。前面列出的标准是为传统制造工艺(如铸造、注塑和挤压)而制定的,因此必须谨慎地确保测试考虑了各向异性和构建方向。

对于塑料,提供力学性能的供应商通常给出一个成形方向的数值和成形参数[32-33]。然而,机械性能随成形方向和成形参数(如填充距离)的变化而变化[34-35]。图 8.12 显示了在不同成形方向上打印的不同的拉伸试件。

金属增材制造零件通常由金属粉末制成,而金属粉末供应商不提供材料的力学性能,而是提供粉末性能。金属增材制造零件的性能以块体材料的性能为基准。

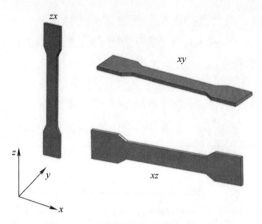

图 8.12　不同成形方向的拉伸试件

零件成形方向并不是影响力学性能的唯一因素。成形参数，如扫描策略、扫描间距，以及温度可以共同作用从而影响最终零件性能。Mohamed 等采用神经网络在 FDM 中优化成形参数用于涉及多个输入（如填充空间、熔道宽度和打印方向）的动态力学分析[36]。为了优化一个特性，几个成形参数必须同时考虑，这使得材料力学性能的分类和测试变得复杂。Ahn 等展示了 FDM 中不同的填充设计是如何帮助某些特定的应用的，如卡扣夹[37]。然而，在单独测试抗拉强度时，它可能不足以涵盖有复杂的几何形状的零件的实际应用。由于增材制造零件的特性，使用纤维增强聚合物的测试和分析方法可以帮助更好地表征 FDM 零件[38]。

金属零件同样受到共同作用的成形参数的影响。Ning 等发现，不仅栅格角度会影响抗拉强度，填充线条长度也会造成收缩率的差异，进而导致较大的表面粗糙度，也会影响 SLM 的力学性能及几何差异[35]。Siddique 等对不同能量密度、底板加热和热处理制成的 AlSi12 试片进行了抗拉强度测试，不同的组合最后得到不同的极限拉伸强度和延伸率[39]。AlSi10 试样的疲劳寿命也得到了类似的结果，其中，成形方向、底板温度和热处理对疲劳寿命都有影响[40]。必须明确定义试件制备的类型，因为热处理态和成形态的试件力学性能的差异很大。

8.3.3　计算方法的潜力

计算方法可以帮助减少花费在[41]实验上的时间和材料。然而，必须很好理解材料和过程的物理原理，以便建立准确的模型。Bellini 和 Güceri 在有限元分析（finite element analysis，FEA）中使用各向同性和各向异性的特性来评价应力；通过实验得到了 FDM ABS 零件的定向拉伸强度，并应用于模型中[42]。各向异性模型与各向同性模型得出的应力是不同的。有限元模型应该考虑材料的各向异性特性来模拟变形和应力。为了更好地评价 FDM ABS 的力学性能，Górski 等利用栅格角度和气隙对 CAD 模型进行建模。该模型能准确地得到弯曲应力。然而，内部应力仍然不准确[43]。其他如压应力之类的力学特性已经被建模。然而，它也仅局限于准确的线性分析而并不能用于非线性情况，如失稳等[44]。FEA 并不是唯一的计算方法，Vijayaragha van 等使用神经网络根据不同的构建参数[45]来预测磨损强度。但是需要注意的是，这种计算方法需要大量的数据才能准确，而这需要耗费时间和金钱的大量的实验。采用有限元法对单层 Inconel 合金的残余应力进行分析，并对 SLM[46]单层成形后的变形进行了预测。然而，这样的模拟需要大量的运算能力和时间。对实际部件进行模拟可能需要数年时间。为了减少模拟时间，Zheng 等编写了他们自己的模拟软件，软件在激光加热的局部用一个可移动的细网格，而在其他地方则用粗网格。这大大减少了计算时间。他们已经将该软件以 3DSIM（3DSIM LLC）的形式商业化[47-48]。

8.4　低成本打印机的基准测试件

增材制造设备的价格曾经超过 1 万美元，现在比这个价格低很多就可以买到。市场上可用的低成本增材制造设备通常是 FDM 和立体光固化（SLA）或数字光处理（digital light processing，DLP）打印机。FDM 增材制造设备通常比 SLA 或 DLP 打印机更便宜。低成本的 FDM 增材制造设备可以很容易地获得，价格为 200~2000 美元，而低成本的 SLA 或 DLP 打印机的价格通常在 3000 美元以上。FDM 打印机因其操作简单、相对安全、物料处理简单而被家庭用户和爱好者广泛使用。尽管如此，SLA 和 DLP 在小型企业和专业人士中仍然很受欢迎，比如珠宝制造商和牙医，他们需要更高的分辨率和更光滑的零件。

低成本增材制造设备的普及，包括开源和闭源打印机，积极推动了消费市场和专业市场的强劲增长。虽然许多低成本打印机提供相同的功能，但每台增材制造设备都有不同的特点，如打印机设计、打印性能、打印质量，以及材料消耗和废弃。因此，基准测试件对比较和评估这些增材制造设备的质量和能力是一个重要和有用的工具[49]。除了增材制造设备的成本（可以很容易地进行定量比较），在为低成本增材制造设备制定基准时，还需要考虑许多其他因素，这些因素将在下面的章节中进行讨论。

8.4.1 打印质量

打印质量是每个增材制造设备的主要性能指标之一。与商用专业增材制造设备类似，通过使用不同的增材制造设备打印相同的基准测试件模块，可以对低成本打印机的性能进行定量评估和比较[4]。基准测试件包括专门设计用来评估打印件表面质量、尺寸精度和公差、重复性和其他几何极限的各种特性，如薄壁、矩形和圆柱形的凸台、通孔和盲孔、斜坡，以及台阶[2,50-52]。基准测试件还允许用户使用来自基准测试模型的最低尺寸精度差异的试验参数，如层厚、栅格宽度、喷嘴速度等，确定最佳可实现的实践和过程[4,53]。

8.4.2 成形时间和成形体积

成形舱规格决定了可打印的最大对象规格和打印机一次能够成形的零件数量。虽然低成本打印机是紧凑的，有台式机大小，通常成形体积小于150mm×150mm×150mm，但一些打印机以负担得起的价格可提供更大的成形空间。如果打印对象太大而无法一次装入成形舱时，必须将对象分块打印以便进行组装。研究表明，通过计算成形时间比例因子[49]，成形多个零件通常比为不同系统打印单个零件更有效。

FDM 的成形速度取决于几个打印参数，包括移动速度、喷嘴大小和层高。在增材制造过程中，常常需要在构建速度和分辨率之间进行权衡。为了加快打印速度，必须增加层厚、喷嘴直径以及降低填充密度，牺牲了表面质量和表面粗糙度。

8.4.3 材料的使用和废弃

除了用于构建预期模型的材料，在计算总材料使用量时，还应该考虑废弃材料的数量。废弃材料包括其数量可能会影响零件的取向和其他打印设置支撑悬垂结构的支撑材料，以及并不包含在最终产品中，而是会在打印过程中或之后处理掉的任何用于打印的模型材料（树脂或丝材）。模型材料的废弃量一般比较小，可以包括每次打印开始时挤出的丝材；为增加床层附着力和稳定性而额外增加的格床基础、裙式结构和加边以及丝材的挤出。

研究表明，在一个加工过程中同时打印多个零件所使用的材料，与使用FDM 和 SLA 流程[49]一次只打印一个零件所使用的材料大致相同。在不同型号的 FDM 机器[49]中，产生废弃材料的百分比通常是一致的。产生废弃材料的确切数量取决于零件的几何形状和通过软件生成的支撑结构。

8.4.4　安全性

FDM 打印机有许多运动机械部件，包括电机、齿轮和传送带。当打印机运行时，喷头会被加热到 220℃ 的温度来熔化丝材。一些 FDM 打印机还包括一个加热底板，以加强零件与平台的黏附力。所有这些都可能导致潜在的夹持和夹持危险，以及烧伤危险。虽然开放式打印机提供了打印工作的可见性和易于接触的成形平台和挤出喷头，但全封闭式打印机是安全的，通过防止触碰这些移动和加热组件，从而最大限度地减少伤害的风险。

这种全封闭 FDM 打印机在使用 ABS 材料打印时，还可以减少噪声和可能产生的气味。图 8.13 所示为开放打印机和全封闭打印机的示例。

(a)　　　　　　　　　　　　　　(b)

图 8.13　（a）开放式框式和（b）全封闭 FDM 打印机示例

伊利诺伊理工学院的研究发现，使用聚乳酸（polylactic acid，PLA）和 ABS 丝材的桌面增材制造设备会释放出潜在的有害超细颗粒（ultrafine particles，UFP）[54-55]。这些 UFP 是 ABS 和 PLA 的热分解产物。结果表明，PLA 原料的排放速率达 200 亿粒子/分钟左右，而 ABS 原料的排放速率则高达 2000 亿粒子/分钟左右。研究表明，UFP 浓度升高对健康有不良影响，包括心肺死亡率、中风和哮喘症状[56-57]。然而，大多数 FDM 打印机，包括工业级打印机，没有配备任何排气通风或过滤附件。结果显示，在通风不良的环境下操作 FDM 打印机可能是危险的。实验进一步证明了这一点，实验表明，ABS 在高温下热分解会释放一氧化碳和氰化氢，暴露于 ABS 热分解产物会对大鼠和小鼠产生毒性作用[58-62]。

基于树脂的 SLA 打印机需要使用树脂材料和溶剂进行后处理。如果处理和处置不当，树脂和溶剂可能会造成严重的安全危害和环境危害。必须遵守穿戴手套、安全眼镜等安全措施，防止皮肤与树脂接触。妥善处理树脂和溶剂废物也很重要。此外，由于使用挥发性有毒有机化合物作为单体和光引发剂，通风对于操作 SLA 是至关重要的。除了未固化树脂对安全有一定的影响，研究还揭示了 SLA 和 FDM 打印部件的毒性水平。研究发现，打印出来的零件对斑马鱼胚胎具有相当大的毒性，其中 SLA 打印出来的零件毒性明显大于 FDM 打印出来的零件[63]。

8.4.5 机器设计和易用性

打印机必须足够重，以保持其在运行和平衡位置的稳定性。在打印过程中，打印机必须保持稳定，以承受剧烈的打印动作和外力影响，以使打印更加精确和可靠。对于框架或底盘，往往是首选比轻量级塑料更加稳定的铝或钢材。

许多低成本的 3D FDM 打印机都配备了加热平台。ABS 在高温下会因为快速和不均匀的冷却速度而发生翘曲，因此加热平台在打印 ABS 时是必不可少的。在加热平台上 ABS 能更好地附着，ABS 的打印零件可以慢慢冷却而不会收缩从而减少翘曲。

此外，由于大多数低成本增材制造设备是针对家庭用户的，机器应该易于组装、使用，且易于维护。低成本打印机的学习曲线通常不那么陡峭，因此通常不提供现场培训。低成本打印机可以提供的其他增值功能包括自动调平平台、集成控制面板、材料兼容性，以及普通丝材的兼容性。

8.4.6 便携性和可连通性

可移植性是低成本打印机基准测试中应该考虑的另一个因素。除了重量和尺寸问题，还要评估打印机的连接性和兼容性，即在打印的整个过程中，是否可以在没有计算机通过 USB 线连接到增材制造设备的情况下打印。如果一台计算机需要一直连接到打印机，那么将很难将整个系统传输到另一个位置中使用[49]。今天，许多低成本的增材制造设备能够直接从 SD 卡或 USB 驱动器阅读 .stl 文件从而打印零件，而一些低成本的增材制造设备提供无线连接，它允许用户通过 802.11 Wi-Fi 或直接点对点的连接发送文件无线传输到增材制造设备。

8.4.7 相关标准和指南

现有的一些安全标准适用于与增材制造设备有关的设备，并可充分涉及增材制造设备的安全性能。由于增材制造设备的能量源和保障措施类似于其他符合 IEC TC108 标准的更复杂形式的 IT 设备和办公设备，如 2D 激光和喷墨打印机，因此可以将这些可用标准直接应用于增材制造设备。增材制造设备一般分为电子产品和工业机械两大类，每一类都有自己的安全标准。用于家庭、学校、办公室和实验室进行小规模生产的低成本增材制造设备可以满足非工业需求。尽管这种相对较新的消费技术呈指数级增长，但增材制造设备还没有达到特定的产品安全标准。只有少数商用低成本增材制造设备通过了认证，并满足了家庭使用甚至儿童使用安全认证的要求。

以下标准可被认为适用于低成本增材制造设备。

- IEC 62368—1《音频/视频信息和通信技术设备—第 1 部分：安全要求》。

本标准描述了额定电压不超过 600V 的电气和电子设备的安全性。本标准描述了电致疼痛或伤害、电致火灾和危险物质致伤、机械致伤和热致伤等 6 种主要危险。它包含了试验及其符合性准则，以及对不同潜在危险源的安全防护要求，是用于增材制造设备认证的最常见标准之一。

- IEC60950—1《信息技术设备安全—第 1 部分：一般要求》。

本标准旨在降低用户和服务人员在遇到 7 种主要危险时的伤害或损害风险：触电、与能量和热有关的危险、火灾、机械、辐射和化学危险。它包含潜在的危害因素和可能的预防措施，是用于增材制造设备认证的最常见标准之一。

- IECTR 62471—2《灯和灯系统的光生物安全—第 2 部分：与非激光光辐射安全有关的制造要求指南》。

本报告是光辐射安全评估和灯具及其他宽带光源（包括 LED 和 DLP 打印机中使用的带有投影系统的灯具，以及用于光固化后处理的 UV 烘箱）的安全措施配置指南。

- IEC 60227《额定电压 450/750V 及以下聚氯乙烯绝缘电缆》。

本标准包含有绝缘和护套的刚性和柔性电缆的要求和试验方法。

- IPC—1331《电加热过程设备自愿安全标准》。

本自愿性标准规定了电加热过程设备的设计、安装、操作和维护的最低要求，以尽量减少潜在的电气危害。这适用于 FDM 打印机的加热平台和喷嘴。

- ISO 13732—1《热环境工效学—人类与表面接触反应的评估方法—第 1 部分：热表面》。

本标准为指定热表面的温度限值提供了指导，并为人体皮肤接触热固体表面时发生的烧伤提供了温度阈值。

8.5 问　题

（1）说明在设计测试件时的关键考虑事项，并解释它们对基准测试的重要性。

（2）描述基准测试的功能。

（3）解释术语"圆度"和"直线度"，并简要描述如何测量它们。

（4）说明从拉伸试验中可以得到的拉伸性能。

（5）描述拉伸试验和压缩试验的区别。

（6）列出低成本增材制造设备进行基准测试时考虑的关键事项。

参 考 文 献

［1］ C. K. Chua, K. F. Leong. 3D Printing and Additive Manufacturing: Principles and Applications, fifth ed. , World Scientific Publishing Company, Singapore, 2017.

［2］ H. Yang, C. J. Lim, Y. Liu, et al. Performance evaluation of Projet multi-material jetting 3D printer, Virtual Phys. Prototyp 12 (2017) 95-103.

［3］ U. Berger. Aspects of accuracy and precision in the additive manufacturing of plastic gears, Virtual Phys. Prototyp. 10 (2015) 49-57.

［4］ F. A. Cruz Sanchez, H. Boudaoud, L. Muller, et al. Towards a standard experimental protocol for open source additive manufacturing, Virtual Phys. Prototyp. 9 (2014) 151-167.

［5］ N. Hopkinson, T. B. Sercombe. Process repeatability and sources of error in indirect SLS of aluminium, Rapid Prototyp. J. 14 (2008) 108-113.

［6］ S. L. Campanelli, G. Cardano, R. Giannoccaro, et al. Statistical analysis of the stereolithographic process to improve accuracy, Comput. Aided Design 39 (2007) 80-86.

［7］ S. L. Sing, W. Y. Yeong, F. E. Wiria, et al. Characterization of titanium lattice structures fabricated by selective laser melting using an adapted compressive test method, Exp. Mech. 56 (2016) 735-748.

［8］ Y. L. Yap, C. C. Wang, H. K. J. Tan, et al. Benchmarking of Material Jetting Process: Process Capability Study, in: Proceedings of the 2nd International Conference on Progress in Additive Manufacturing, Singapore, 2016, pp. 513-518.

［9］ T. H. C. Childs, N. P. Juster. Linear and geometric accuracies from layer manufacturing, CIRP Ann. Manufact. Technol. 43 (1994) 163-166.

［10］ F. Xu, Y. S. Wong, H. T. Loh. Toward generic models for comparative evaluation and process selection in rapid prototyping and manufacturing, J. Manufact. Syst. 19 (2001) 283-296.

［11］ M. Mahesh, Y. S. Wong, J. Y. H. Fuh, et al. Benchmarking for comparative evaluation of RP systems and processes, Rapid Prototyp. J. 10 (2004) 123–135.

［12］ M. Mahesh, Y. S. Wong, J. Y. H. Fuh, et al. A six−sigma approach for benchmarking of RP&M prcoesses, Int. J. Adv. Manufact. Technol. 31 (2006) 374–387.

［13］ K. Abdel Ghany, S. F. Moustafa. Comparison between the products of four RPM systems for metals, Rapid Prototyping J. 12 (2006) 86–94.

［14］ J. M. Lee, M. Zhang, W. Y. Yeong. Characterization and evaluation of 3D printed micro−fluidic chip for cell processing, Microfluid. Nanofluid. 20 (2016) 5.

［15］ J. A. S. S. P. Moylan, A. L. Cooke, K. K. Jurrens, et al. Proposal for a standardized test artifact for additive manufacturing machines and processes, in: the 23rd International Solid Free Form Symposium—An Additive Manufacturing Conference, Austin, TX, USA, 2012, pp. 902–920.

［16］ J. Van Keulen. Density of porous solids, Matériaux et Construction 6 (1973) 181–183.

［17］ Standard Test Methods for Density of Compacted or Sintered Powder Metallurgy (PM) Products Using Archimedes; Principle, ed: ASTM International, 2015.

［18］ R. C. Hibbeler. Mechanics of materials, 4th ed., Pearson, United Kingdom, (2017).

［19］ C. W. de Silva. Mechanics of materials, 4th ed., CRC Press, United States of America, 2013.

［20］ A. International. ASM HandbookVolume 8 Mechanical Testing and Evaluation, 4th ed., 2015.

［21］ (2015, 23 January 2017). ABSplus Spec sheet. Available from: http://usglobalimages. stratasys. com/Main/Files/Material_Spec_Sheets/MSS_FDM_ABSplusP430. pdf

［22］ (2016, 23 January 2017). PolyJet materials data sheet. Available from: http://usglobalim − ages. stratasys. com/Main/Files/Material_Spec_Sheets/MSS_PJ_PJMaterialsDataSheet. pdf?v=635785205440671440

［23］ K. M. Rahman, T. Letcher, R. Reese. "Mechanical Properties of Additively Manufactured PEEK Components Using Fused Filament Fabrication," in ASME 2015 International Mechanical Engineering Congress and Exposition, 2015, p. V02AT02A009.

［24］ J. Wang, H. Xie, Z. Weng, et al. A novel approach to improve mechanical properties of parts fabricated by fused deposition modeling, Mater Design 105 (2016) 152–159.

［25］ V. Cain, L. Thijs, J. Van Humbeeck, et al. Crack propagation and fracture toughness of Ti −6Al−4V alloy produced by selective laser melting, Add. Manufact. 5 (2015) 68–76.

［26］ X. Zhao, S. Li, M. Zhang, et al. Comparison of the microstructures and mechanical properties of Ti-6Al-4V fabricated by selective laser melting and electron beam melting, Mater. Design 95 (2016) 21–31.

［27］ J. J. Lewandowski, M. Seifi. Metal additive manufacturing: a review of mechanical properties, Ann. Rev. Mater. Res. 46 (2016) 151–186.

［28］ Y. Kok, X. Tan, S. B. Tor, et al. Fabrication and microstructural characterisation of additive manufactured Ti-6Al-4V parts by electron beam melting, Virtual Phys. Proto- typ. 10 (2015) 13-21.

[29] S. L. Sing, J. An, W. Y. Yeong, et al. Laser and electron-beam powder-bed additive manufacturing of metallic implants: a review on processes, materials and designs, J. Ortho. Res. 34 (2016) 369-385.

[30] W. E. Frazier. Metal additive manufacturing: a review, J. Mater. Eng. Perform. 23 (2014) 1917-1928.

[31] K. S. Chan, M. Koike, R. L. Mason, et al. Fatigue life of titanium alloys fabricated by additive layer manufacturing techniques for dental implants, Metal. Mater. Transact. A 44 (2013) 1010-1022.

[32] J. Kotlinski. Mechanical properties of commercial rapid prototyping materials, Rapid Prototyp. J. 20 (2014) 499-510.

[33] G. Kim, Y. Oh. A benchmark study on rapid prototyping processes and machines: quantitative comparisons of mechanical properties, accuracy, roughness, speed, and material cost, Proceedings of the Institution of Mechanical Engineers, Part B: Journal of Engineering Manufacture, vol. 222, pp. 201-215, 2008.

[34] O. S. Es-Said, J. Foyos, R. Noorani, et al. Effect of Layer Orientation on Mechanical Properties of Rapid Prototyped Samples, Materials and Manufacturing Processes, vol. 15, pp. 107-122.

[35] Y. Ning, Y. Wong, J. Fuh. Effect and control of hatch length on material properties in the direct metal laser sintering process, Proceedings of the Institution of Mechanical Engineers, Part B: Journal of Engineering Manufacture, vol. 219, pp. 15-25, 2005.

[36] O. A. Mohamed, S. H. Masood, J. L. Bhowmik. Analytical modelling and optimization of the temperature-dependent dynamic mechanical properties of fused deposition fabricated parts made of PC-ABS, Materials 9 (2016) 895.

[37] S. -H. Ahn, M. Montero, D. Odell, et al. Anisotropic material properties of fused deposition modeling ABS, Rapid Prototyp. J. 8 (2002) 248-257.

[38] N. Hill, M. Haghi, Deposition direction-dependent failure criteria for fused deposition modeling polycarbonate, Rapid Prototyp. J. 20 (2014) 221-227.

[39] S. Siddique, M. Imran, E. Wycisk, et al. Influence of process- induced microstructure and imperfections on mechanical properties of AlSi12 processed by selective laser melting, J. Mater. Proc. Technol. 221 (2015) 205-213.

[40] E. Brandl, U. Heckenberger, V. Holzinger, et al. Additive manufactured Al- Si10Mg samples using selective laser melting (SLM): microstructure, high cycle fatigue, and fracture behavior, Mater. Design 34 (2012) 159-169.

[41] S. L. Sing, Y. Miao, F. E. Wiria, et al. Manufacturability and mechanical testing considerations of metallic scaffolds fabricated using selective laser melting: a review, Biomed. Sci.

Eng. 2（2016）18-24.

［42］A. Bellini, S. Güçeri. Mechanical characterization of parts fabricated using fused deposition modeling, Rapid Prototy. p J. 9（2003）252-264.

［43］F. Górski, W. Kuczko, R. Wichniarek, et al. Computation of mechanical properties of parts manufactured by fused deposition modeling using finite element method, in：10th International Conference on Soft Computing Models in Industrial and Environmental Applications, 2015, pp. 403-413.

［44］L. Villalpando, H. Eiliat, R. Urbanic. An optimization approach for components built by fused deposition modeling with parametric internal structures, Procedia CIRP 17（2014）800-805.

［45］V. Vijayaraghavan, A. Garg, J. S. L. Lam, et al. Process characterisation of 3D-printed FDM components using improved evolutionary computational approach, Int. J Adv. Manufact. Technol. 78（2015）781-793.

［46］B. Cheng, S. Shrestha, K. Chou. Stress and deformation evaluations of scanning strategy effect in selective laser melting, Add. Manufactur. 12（2016）240-251.

［47］D. Pal, N. Patil, K. Zeng, et al. An integrated approach to additive manufacturing simulations using physics based, coupled multiscale process modeling, J. Manufact. Sci. Eng. 136（2014）061022.

［48］K. Zeng, D. Pal, H. Gong, et al. Comparison of 3DSIM thermal modelling of selective laser melting using new dynamic meshing method to ANSYS, Mater. Sci. Technol. 31（2015）945-956.

［49］D. A. Roberson, D. Espalin, R. B. Wicker. 3D printer selection：a decision-making evaluation and ranking model, Virtual Phys. Prototyp. 8（2013）201-212.

［50］W. M. Johnson, M. Rowell, B. Deason, et al. Benchmarking evaluation of an open source fused deposition modeling additive manufacturing system, in：the 22nd Annual International Solid Freeform Fabrication Symposium—An Additive Manufacturing Conference, Austin, TX, USA, 2011, pp. 197-211.

［51］L. Yang, M. A. Anam. An investigation of standard test part design for additive manufacturing, in：The 25th Annual International Solid Freeform Fabrication Symposium—An Additive Manufacturing Conference, Austin, TX, USA, 2014, pp. 901-922.

［52］J. -Y. Lee, W. S. Tan, J. An, et al. The potential to enhance membrane module design with 3D printing technology, J. Membr. Sci. 499（2016）480-490.

［53］L. M. Galantucci, I. Bodi, J. Kacani, et al. Analysis of dimensional performance for a 3D open-source printer based on fused deposition modeling technique, Procedia CIRP 28（2015）82-87.

［54］B. Stephens, P. Azimi, Z. El Orch, et al. Ultrafine particle emissions from desktop 3D printers, Atmos. Environ. 79（2013）334-339.

[55] P. Azimi, D. Zhao, C. Pouzet, et al. Emissions of ultrafine particles and volatile organic compounds from commercially available desktop three-dimensional printers with multiple filaments, Environ. Sci. Technol. 50 (2016) 1260-1268.

[56] M. Stolzel, S. Breitner, J. Cyrys, et al. Daily mortality and particulate matter in different size classes in Erfurt, Germany, J. Exposure Sci. Environ. Epidemiol. 17 (2007) 458-467.

[57] H. R. P. o. U. Particles. Understanding the health effects of ambient ultrafine particles, Health Effects Institute, Boston, MA, 2013.

[58] Y. Deng, S. -J. Cao, A. Chen, et al. The impact of manufacturing parameters on sub-micron particle emissions from a desktop 3D printer in the perspective of emission reduction, Build. Environ. 104 (2016) 311-319.

[59] J. V. Rutkowski, B. C. Levin. Acrylonitrile - butadiene - styrene copolymers (ABS): Pyrolysis and combustion products and their toxicity—a review of the literature, Fire Mater. 10 (1986) 93-105.

[60] T. L. Zontek, B. R. Ogle, J. T. Jankovic, et al. An exposure assessment of desktop 3D printing, J. Chem. Health Safe. 24 (2016) 15-25.

[61] A. Zitting, H. Savolainen. Effects of single and repeated exposures to thermo-oxidative degradation products of poly (acrylonitrile-butadiene-styrene) (ABS) on rat lung, liver, kidney, and brain, Arch. Toxicol. 46 (1980) 295-304.

[62] M. M. Schaper, R. D. Thompson, K. A. Detwiler-Okabayashi. Respiratory responses of mice exposed to thermal decomposition products from polymers heated at and above workplace processing temperatures, Am. Ind. Hygiene Assoc. J. 55 (1994) 924-934.

[63] S. M. Oskui, G. Diamante, C. Liao, et al. Assessing and reducing the toxicity of 3d-printed parts, Environ. Sci. Technol. Lett. 3 (2016) 1-6

第9章　增材制造质量管理框架

9.1　增材制造对质量管理框架的需求

质量使用户能够确定哪个产品比其他产品更好。产品和服务的质量水平不仅表明它们的预期功能和性能，还表明它们的客户感知价值和效益[1-4]。尽管增材制造在工业中的作用越来越大，但仍需建立适当的质量管理框架来确保制造过程中的质量和过程一致性。达到质量要求是为了有效地满足客户的需求。因此，在一个提供增材制造服务的组织中，必须建立一个质量管理框架来保证和提高制造和服务的质量。这可以通过关注对现有流程的持续反馈，并完善和改进当前的实践来实现。因此，在增材制造行业，除了采用并致力于质量管理标准（如国际标准化组织9001：2015）中定义的方法和期望，组织还需要有一个质量框架来解决增材制造特有的新问题。

国际质量标准由国际标准化组织及其他相关标准机构发布。不过，认证由相关的国家认证机构、企业管理咨询公司和审核公司进行。这些核审核公司通常由国家审计机构认证。为了获得对一个组织的质量管理体系（quality management system，QMS）的批准，该组织必须由一家经认可的咨询公司进行审核。如果审核结果令人满意，咨询公司将提出建议供该组织批准。增材制造还没有达到成熟的状态，现有的QMS还不能解决因过程的不同本质而产生的独特挑战。现有的增材制造运营公司应积极参与解决这些在 AM QMS 开发方面的挑战，提供必要的信息和反馈。这使运营公司能够基于先验知识优化其流程，并确保流程稳定，产品质量要求符合客户需求和期望。

在制造业的历史上，不同的公司引入了多种形式的以质量为导向的程序。精益制造、全面质量管理、六西格玛、零缺陷等，是一些公司为改进工作流程而常用的制造方法[4-5]。此类过程和工作流程可用于增材制造，并集成到专门为增材制造行业定义的 QMS 中。

任何使用增材制造的制造商都必须了解并遵守客户和监管机构提出的要求。使用增材制造作为服务的组织应该采用 ISO 9001 作为建立适当的过程文档的基础。虽然这种方法不能保证产品质量，但它可以确保过程以高质量的方式进行。ISO 9001：2015 质量管理体系标准解释了组织必须考虑以下问题：

（1）外部和内部环境；

（2）利益相关方（客户）的要求、法律和监管要求；

（3）组织的产品和服务。

要获得认证，典型的增材制造组织可以采用 ISO 9001：2015[6] 中规定的要求，这些要求将在 9.1.1~9.1.8 节中讨论。

ISO QMS 采用所有利益相关者共同参与的制造环境框架概念。ISO 9001：2015 中定义的质量管理框架由 7 个部分组成，它们是[6] 组织环境、领导力和承诺、计划、支持、运行、绩效评估、改进。

该框架通过系统的有效应用、过程改进和保证来帮助组织开发建议的 QMS。

9.1.1　组织环境

组织的环境由影响其方向和获得 QMS 认证能力的内部和外部因素组成。组织必须同时监控内部和外部因素，并对标记为要采取行动的项目采取行动。外部因素的一些例子是感兴趣的市场、国家的环境、技术限制等。内部因素可能包括组织的价值观、文化和知识。以新加坡为例，土地空间和自然资源的缺乏使得大规模制造不可行。然而，增材制造更适用于这个国家的小规模定制化制造。此外，新加坡还建有新加坡增材制造中心，它是世界上最大的高等院校增材制造研究中心之一。通过合作，有意在新加坡投资增材制造的公司可以从该中心获得知识和技术诀窍方面的利益。

增材制造过程中有很多不确定性，组织必须知道这些不确定性有何种影响。组织必须满足客户的要求，以及目前尚不完善的法定和监管机构对增材制造的要求。增材制造组织的一个选择是开发基准测试件来衡量原材料性能、工艺指南、后处理、材料测定和材料试验。由这些基准测试件，能够定义获得高质量打印零件所需的最低要求。随着 QMS 的发展，还必须把持续监控、评审和改进的过程作为 QMS 的一部分。组织还可以与相关国家的标准机构合作，制定对增材制造的新要求并定义最佳惯例。

9.1.2　领导力和承诺

增材制造组织的高层管理人员在其对产品和服务质量的承诺中起着至关重要的作用。管理层必须带头确保质量管理体系的实施、有用性和影响。例如，从事增材制造服务业务的组织必须确保借助于 QMS 政策和目标的正确实施，增材制造零件按时交付给客户。他们还必须确保政策和目标与组织的战略和业务方向一致。

为了有效地实施 QMS，管理层必须确保为员工提供足够的培训和资源来完成他们的任务。此外，要交付高质量的工作，需要对增材制造机器、过程和材料有事先的了解。因此，他们需要用基于过程的方法和基于风险的思维来强调持续改进，并将此信息传达给组织中所有利益相关者[6]。

最高管理层还必须让基层人员参与到质量管理体系中来，并支持组织中不同的中间管理角色，以确保他们在各自的领域发挥领导作用，从而不断提高增材制造产品和服务的质量。

在与客户打交道时，最高管理层需要确保除了法定和监管要求，客户规定的所有要求都得到一致满足。如 9.1.1 节所述，尽管增材制造目前还没有建立完善，但是对原材料、工艺指南、材料试验等的控制，已经提高了客户的信任度。此外，增材制造组织必须解决产品制造中涉及的不同风险，并确保符合要求。最高管理层还必须与客户保持良好的关系，并提高客户对他们提供的产品和服务的满意度。

为了实现上述目标，最高管理层需要建立、实施和维护一套适合组织的增材制造背景和方向的质量政策，并根据增材制造需求定义一个框架来实现质量目标。增材制造组织的框架应包括对使用要求和 QMS 持续改进的承诺。制定的质量政策必须有适当的文件记录，并传达给组织内的所有利益相关者。政策可以包括粉末床设备、挤出设备、增材制造材料存储要求等的最佳实践。

由于管理一家大公司可能具有挑战性，最高管理层必须将质量管理体系中的角色和职责委托给相关人员，并确保他们的角色在组织中得到很好的理解和沟通。增材制造组织的质量政策如下[6]：

（1）确保 QMS 符合 ISO 9001:2015；

（2）确保增材制造过程交付预期的产出；

（3）报告 QMS 的绩效，寻找机会持续改进体系；

（4）确保 QMS 的客户导向性；

（5）如果系统有任何变更，确保 QMS 的完整性得到良好维护。

9.1.3　计划

组织需要了解相关方对增材制造制件的要求和期望。作为实施 QMS 以满足客户需求的一部分，对需求的事先了解使组织能够识别必须解决的风险和机会。组织必须确保他们的角色在自己内部以及与客户之间得到很好的理解和沟通。例如，客户可能必须了解与增材制造相关的固有风险，这些风险是由材料或过程局限性等因素引起的。组织必须向所有利益相关者保证 QMS 能够达到预期的结果、改进预期的效果，减少不必要的效果，并努力持续改进体系。由于 QMS 可能仍处于发展阶段，可通过适当的行动计划来解决风险和机会、QMS 的整合以及对所采取行动的有效性进行评估，从而实现持续改进。行动必须与对组织产品和服务的影响成比例。

增材制造组织应采用 ISO 9001：2015 指南，将质量目标的规划委托给参与的不同级别、功能和过程的人员。增材制造质量目标必须与政策一致、可测量、能够满足要求，并符合客户期望的打印产品和服务。如果客户想要打印 10 套产品，组织必须监控输出结果，并确保 10 套产品都符合客户给出的要求。如果有任何错误，组织必须找出问题的根本原因。必须监控客观结果，将其传达给有关的利益相关方，并在必要时进行更新。所有关于质量目标的信息都必须记录和维护。如果 QMS 需要任何变更，应考虑变更的目的及其后果、资源和人力分配以及其他可能影响增材制造组织质量的因素。

9.1.4 增材制造支持

为了确保 QMS 正确实施、维护和改进，组织必须向利益相关者提供所需的资源。他们必须考虑内部资源的局限性，如有必要，从外部供应商处采购资源。资源的例子有人员、基础设施、过程的运行环境、资源监控设备、可追溯性和知识。在新加坡，政府愿意通过国家增材制造创新集群（NAMIC）项目为企业提供资源，使其具备先进制造能力。该计划使各组织能够利用政府的拨款，对其工作人员进行培训，使其具备增材制造能力，并开展与增材制造相关的研究和开发工作。

人力资源必须通过适当的员工授权进行管理，这些员工接受过增材制造处理方面的培训。这些经过培训的员工将确保流程得到正确实施。此外，组织必须明确所需的必要基础设施，如确保产品和服务达到特定标准所需的建筑和公用设施、设备、软件和物流资源。工作人员还需要一个舒适和安全的环境来开展活动，如粉末制备、制造、通过降低噪声水平进行后处理、良好的通风等。在增材制造车间，使用高科技设备，员工的安全非常重要。任何工作人员，无论是什么角色，如增材制造机器操作员、工程师，甚至清洁工，只要在附近，都会面临一定程度的危险。已识别的一些危险包括：

（1）后处理中使用的腐蚀性化学品；

（2）由于增材制造材料制备导致的粉末弥散；

（3）暴露在高功率激光下；

（4）暴露在极度高温的室内。

需要资源来监控和验证系统确保产品和服务满足特定的要求。组织必须确保为监控提供的资源适合该过程。如果使用有缺陷的监控设备，可能会导致结果不准确。组织实施的所有监控系统必须可追溯，以确保对产品和服务的信心。监控设备需要不时校准，并可追溯到国家或国际标准，当这些标准不适用时，可追溯到校准文件。此外，为了机器的安全操作，防止材料的误用或不当处理，以及适当的安全措施，如闭路电视监控，对该区域是必需的。

还需要资源来保留必要流程和操作的知识，以确保产品和服务合规。知识必须得到很好的维护，并使相关人员容易获得，以防止人们离开组织时知识的损失。

相关人员的能力对于确保产品和服务的一致性很重要。这将需要组织提供资源，以确定增材制造过程的操作人员有能力确保系统的有效性。一些基本能力包括操作流程或服务的教育和培训、个人实施的评估以及技能组合的有效性，这些都必须记录为可追溯性的证据。

组织必须向所有员工列出 QMS 目标、效益和有效性的要求。最重要的是，必须警告员工不遵守 QMS 的后果。

当涉及 QMS 的实施时，成文是很重要的。要求对文件进行定期更新，以获得运行和过程的最新和最相关的结果。这些成文信息也是 ISO 标准认证所要求的。

9.1.5　增材制造运行

任何增材制造过程的运行都必须由组织进行规划，以确保产品和服务符合规定的要求。组织需要为所有的增材制造过程建立准则、建立产品和服务的接受水平、确定运行所需的资源、确保过程控制的正确实施，并将所有必要的相关信息以文件形式记录下来，以保证过程的符合性。过程准则的一些例子是特定金属粉末的打印参数和去除支撑材料的后处理持续时间。打印零件的接收水平必须满足要求，例如客户要求的尺寸公差和表面粗糙度。此外，增材制造组织可以证明他们的过程是优化和稳定的，产品质量要求始终得到满足。作为操作的一部分，增材制造组织可以参考类似 ISO 或 ASTM 这样的组织发布的，与材料、过程和测试方法有关的现行标准来鉴定制造的产品。

此外，为了确保产品和服务满足规定的要求，组织需要与客户建立适当的沟通渠道。关于产品和服务的信息必须让客户知道，而与产品和服务相关的查询、合同、订单和客户反馈必须得到妥善处理。双方之间的透明度对于在推荐增材制造过程中建立信任也是必要的。组织必须确保正确处理客户财产，如有必要，制订应急行动计划。向客户提供的产品和服务必须满足法律和法规要求（如果适用）。

173

作为满足 ISO 9001 的一部分，增材制造组织必须对其过程、产品和服务进行评审，以确定它们满足以下要求[6]：

(1) 客户的要求；

(2) 组织的要求；

(3) 法定和监管机构的要求（如果适用）；

(4) 合同/订单要求；

(5) 公开信息时，未规定但在某些情况下是必要的要求。

在签订合同之前，所有这些要求都必须让客户知道并得到他们的同意。组织必须记录和保留这些信息。

如果对产品和服务的要求有任何变更，就必须修改所有相关文件并将要求的变更通知相关人员。

增材制造组织必须为他们的产品和服务开发、建立和实施一个设计和开发过程。为了确定设计和开发的要求，组织需要考虑以下与 ISO 9001[6] 类似的项目：

(1) 设计的性质、持续时间和复杂性；

(2) 实现最终产品的过程阶段；

(3) 产品验证和认证；

(4) 将要参与设计过程的法定和监管机构（如果适用）；

(5) 设计过程的内部和外部资源；

(6) 设计过程所需的控制界面；

(7) 客户和用户参与设计过程；

(8) 产品和服务的交付要求；

(9) 客户和相关方要求的设计工作的控制水平；

(10) 证明设计要求得到满足的适当文件；

(11) 如果产品出现故障将会产生的后果。

增材制造组织应实施设计和开发控制系统，以确保满足所有要求。开发控制系统[6]时，应考虑以下项目：

(1) 被认为可接受的结果描述；

(2) 及时进行评审，以评估设计过程是否符合要求；

(3) 验证和确认，以确保设计过程产生符合预期用途要求的产品；

(4) 评审、验证和/或确认活动后的必要措施；

(5) 控制过程中获得的信息的适当记录和保留。

设计和开发过程的所有输出都必须满足组织和客户设定的要求，且能满足后续产品和服务提供的流程要求。为了满足验收准则，必须设置适当的监控和检测要求。必须明确产品和服务应满足的预期目的和使用安全性。设计过程的所有输出都必须记录在案。

增材制造组织可能没有能力执行所有流程，并将一些工作外包给外部供应商。如果组织决定这样做，那么他们的供应商也必须满足客户设定的要求。当外部供应商的产品和服务用于以下项目时，组织必须确定适当的控制措施[6]：

(1) 含在组织的产品和服务中；

(2) 提交给客户的产品和服务；

(3) 组织外包的流程或流程的一部分。

因此，所有相关标准都必须由组织控制。质量管理体系中必须考虑外部供应商执行的任何流程，供应商需要始终如一地满足客户和法定或监管机构（如果适用）设定的要求。在自动化制造环境中，外包过程可能包括从基板取下打印零件、去除支撑材料、热处理、表面处理和精加工等。组织需要不定期审查应用于外部供应商的控制措施的有效性。此外，在外部供应商承诺向组织提供任何产品或服务之前，必须将所有这些信息传达给外部供应商。

为了获得 QMS 认证，组织提供的产品和服务必须满足以下要求[6]：

(1) 可用并使用适当的监控和检测设备；

(2) 分阶段实施监督和检测活动，以检查过程、输出、产品和服务的所有标准是否得到满足；

(3) 基础设施等资源的合理使用；

(4) 合格人员的过程操作人员；

(5) 过程验证；

(6) 减少或防止人为错误的计划；

(7) 产品发布、交付和交付后实施。

识别和追溯机制对于确保产品和服务的一致性是必要的。需要唯一地识别整个生产过程中所有输出的状态。组织必须保留可追溯性所需的所有文件。当处理客户或外部供应商的财产或产品时，组织必须识别、验证、保护和维护客户或外部供应商的财产。如果产品丢失或损坏，组织必须向客户或外部供应商报告，并保留与事件相关的任何必要文档。

在产品交付过程中，组织必须确保产品易于识别，并采取适当的处理和控制措施，以确保产品的正确交付。一般包括[6]：标识、处理、污染控制、包装、储存、运输、防护。

产品交付给客户后，组织必须明确并满足交付后的要求，如保修、维护服务、回收、产品处置等，它们涉及[6]：合规性（如果适用），产品和服务的潜

175

在有害结果，产品的性质、用途和寿命，客户要求，客户反馈。

对于为客户制造产品的操作所做的任何更改，组织必须确保更改符合要求，并由相关的指定人员对文件进行更新、评审和授权。为了发布产品和服务，组织只有在所有的安排都已得到满足并得到相关机构的批准（如果适用）以及必要时得到客户的批准时，才能继续进行。所有与发布相关的文件都必须记录在案，并且必须包含符合性和可追溯性的证据。

如果发现任何不合格品，组织需要有适当的控制措施，以确保它们不被交付给客户或被客户使用。在这种情况下，组织必须以下述方式处理不合格品[6]：

（1）将不合格品告知客户；

（2）停止当前生产，并要求退回交付的产品；

（3）纠正过程；

（4）从相关方获得特许接受授权。

所有与不符合项相关的信息，如不符合项的描述、所需的措施、从相关方获得的让步，都必须记录在案，不符合项领域的相关机构应得到识别和通知。ISO 9001 是采用 QMS 的基础。本节中确定的所有程序对系统的开发至关重要。

9.1.6 增材制造绩效评估

组织必须对 QMS 的业绩和有效性进行评估，QMS 评估产生的所有信息都要记录作为证据，以供审核。例如，增材制造组织必须确定要监控和测量的参数、监控方法、检测、结果分析、时间框架、监控和检测频率，以及结果评估所需的时间。这是因为每个组织都有自己独特的参数集，如成形温度、激光功率、激光速度和粉末规格，例如成形时间和打印产品的几何精度可用作性能评估的参数。

为了衡量用户满意度，增材制造组织必须了解并客观地监控客户认为满意的方面。他们还必须确定从客户那里获取信息的技术。

利用从绩效评估中采集的数据，增材制造组织应对结果进行评估和分析，以评估所采用的 ISO 9001 的下述内容[6]：

（1）打印产品的一致性；

（2）客户满意度；

（3）QMS 的业绩和有效性；

（4）增材制造过程计划的有效性；

（5）为应对风险和机遇而采取的行动的有效性；

（6）外部供应商的表现；

（7）QMS 的改进。

为确保符合性，组织要求按计划的时间间隔进行例行内部审核，以评估 QMS 是否有效，是否符合组织和/或 ISO 标准（如适用）的要求，以及 QMS 是否得到实施和保持。例如，如果一个增材制造组织计划一个内部审核项目，他们应该考虑以下因素：

（1）审核频率；

（2）审核方法；

（3）参与审核的人员的责任；

（4）计划要求和报告；

（5）审核准则和范围；

（6）选择审核员并确保审核过程的公正性；

（7）向相关管理层报告审核结果；

（8）尽快采取纠正措施；

（9）保留审核信息作为审计实施的证据。

最高管理者被要求审查 QMS，以确保它与组织的方向一致。该审查必须按计划的时间间隔进行。

9.1.7　改进

持续改进是 QMS 提高和改善客户满意度的必要条件。组织可以通过改进产品和服务，纠正、预防和减少导致不良影响的过程，提高 QMS，从而获得更好的客户满意度。如果任何 AM 产品出现不符合项，组织必须采取措施予以纠正，并承担由此产生的一切后果。

为了处理不符合项，组织应[6]：①回顾并分析问题；②确定不符合的原因；③确定是否存在类似的不符合项；④必要时实施行动；⑤审查整改的有效性；⑥如有必要，更新规划中的风险；⑦如有必要，修改和更新 QMS 中的改变。

有关 QMS 的信息应成文并保留，作为采取纠正措施的证据。

9.1.8　PDCA 循环框架

有许多不同类型的框架已经在世界各地使用，如"计划—执行—检查—行动循环（PDCA）"框架，是一个组织计划它们的质量管理体系的简单框架。PDCA 框架由 4 个区域组成，在本书的上下文中，它已经被改变以适应增材制造（图 9.1）。

PDCA 循环如下：通过在增材制造中建立系统和过程的目标进行计划，交付满足客户要求的结果，并识别和解决风险与机会。

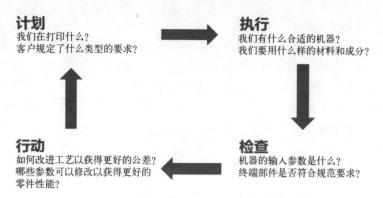

图 9.1　与资产管理集成的产品数据分析

执行打印，并确保为正确的材料设置了所有打印参数。在此过程中，材料处理也很重要，以确保无污染。

（1）对照相关公司政策、目标、要求和标准，检查和监控流程、产品和服务，并报告结果；

（2）根据报告采取行动，并根据需要提高业绩。

PDCA 循环的实施提高了公司的投资组合和客户的信心。这使得获得原材料、生产更高质量产品的周转时间更快，并确保更快地交付给客户。产品制造过程中的缺陷可以减少，从而减少返工，进而节省由于不得不再次制造一个新零件所需的时间和成本。PDCA 循环的实施还将通过持续改进来改善组织的产品和流程，潜在地使组织相对于其他供应商具有竞争优势。

9.2　监管和认证机构的作用

监管机构是由立法机构创建的政府机构，旨在实施和执行其领域的具体法律，以公众的利益为重。这些机构制定的法律只适用于他们的国家。公共和私营部门的任何产品和服务在批准前都必须经过检查和试验。所有试验背后的主要原因是确保所有制造的零件都可以安全使用或消费，并且如果使用，不会以任何方式对环境和人类健康产生不利影响。在电子行业，所有移动电话和无线电话设备在美国销售前必须经过联邦通信委员会（FCC）的批准，如果特定的移动电话在新加坡销售，尽管它可能经过 FCC 的认证，但必须在新加坡由当地的同等机构——信息通信媒体发展局（IMDA）重新认证[7]。这是为了确保这些设备发射的无线电频率在当地法规和条例规定的特定限制和标准范围内。

目前大多数增材制造零件通常没有监管机构的认证。然而，由于其工作性质，一些行业需要严格的试验和零件鉴定。航空航天、汽车、牙科和医疗具有非常高的试验和零件鉴定标准，因此监管机构必须为行业制定标准，以满足最低安全要求。

在美国，联邦航空管理局（FAA）和食品药品监督管理局（FDA）等管理机构分别负责航空航天、医疗、牙科和食品制造零件的鉴定[8]。零件必须经过相关机构认证，才能在市场上销售。在欧洲，许多产品在被引入市场之前，都需要通过认证机构的认证，以符合相关的欧洲标准，这些标准允许在产品上打上欧洲认证标志。美国联邦航空局和美国食品药品监督管理局都在探索和确定其相关行业中增材制造的潜力和风险[9]。

FDA 是一个通过控制美国的药物、生物产品、医疗器械、食品供应、化妆品和放射设备来保护公众健康的组织[10]。在医疗部门，美国食品药品监督管理局协助研究和创新，使药物对公众有效、安全、负担得起。FDA 还确保美国的食品供应安全，并促进新药和医疗器械的开发，作为打击恐怖主义的一部分。在增材制造行业，FDA 监管有意在美国医疗行业部署的增材制造药物和医疗设备，确保其对公众使用安全。

增材制造在为患者定制植入物领域得到广泛探索。增材制造减少了采购专门机器来制造植入物的需要，从而降低了成本，使植入物对患者来说更加负担得起。然而，由于缺乏对打印的植入物的适当认证以确保生物相容性，使用信心很低。因此，FDA 提供了通过适当的试验来认证这些植入物的机制，在试验中，他们规定了这些植入物满足法规的要求。他们明确了医疗行业的三项要求，即[11]①生物相容性；②力学性能；③交互式设计。

增材制造的植入物必须是生物相容的，以减少生物排斥的机会或对患者造成伤害的可能性。它们还需要承受人类施加的力，并且足够轻以便患者能够移动。此外，零件的设计必须针对其要解决的特定问题进行定制。额外制造的植入物被指定为第三类装置，通常保留给被认为是最高风险的装置，如心脏瓣膜的更换，并且通常需要获得批准才能上市。FDA 监管从设计到植入阶段的整个过程，以确保植入的装置不会伤害患者。在批准继续操作之前，还会对所有方面进行咨询，包括设计、原材料、打印工艺和程序、清洁和灭菌[11]。增材制造生产的所有医疗器械必须安全有效才能使用，这一点很重要[12]。这些设备必须经过彻底的检查和试验，以确保它们不会伤害用户或患者。

2015 年 8 月，FDA 批准了一种新形式的增材制造药物（药片），这将为医疗药物的未来发展铺平道路。Aprecia 制药公司销售的"Spritam"药片通过独特的结构设计，使药物溶解更快，使吞咽有问题的患者更容易服用[13-14]。由于增材制造有助于定制选择性治疗，因此可以更精确地控制剂量[13-14]。

为了给医疗行业的医疗器械行业前景提供一个视角，FDA 已经批准了大约 85 种通过医疗器械行业生产的医疗器械。这些设备不是新的或特殊的。组件，如助听器和牙科设备已经由增材制造生产，增材制造以前是由传统制造生产的。设备和放射性健康中心（CDRH）提到 FDA 认为增材制造与计算机数控（CNC）加工类似，这两种技术都用于制造医疗设备[15]。

FDA 还负责批准牙科用增材制造制件。Dentca 公司，一家生产假牙的公司，通过 SLA 增材制造工艺打印牙基。根据 FDA 蓝皮书备忘录#G95—1 和 ISO 10993—1[16]，这些牙基已经令人满意地通过了要求的试验。与传统方法相比，该技术将生产速度提高了 2.5 倍。牙基的误差也减少了，因为工序少得多，制造时间从以前的 30 天减少到 5 天。

FDA 在监管美国医疗器械方面发挥着巨大的作用，他们将确保美国制造的医疗器械质量高、生产快、安全、使用便宜。FDA 的批准也将提高消费者和行业对增材制造行业的信心，进而为增材制造行业带来收入。自 2015 年以来，EBM 生产的髋臼杯约有 20000 个，已经获得 FDA 和 CE 的批准[17]。通过增材制造植入物的增长引起了审批当局的更大兴趣，从而使审批更容易。

在航空航天领域，联邦航空管理局（FAA）负责管理和监督美国民用航空的各个方面[18]。联邦航空管理局分为 4 个业务领域，它们是①机场；②空中交通组织；③航空安全；④商业航天运输。

增材制造主要适用于航空安全和商业航天运输两个业务线。在允许飞行器飞行之前，所有商用飞机或航天器的增材制造制件都必须得到 FAA 的批准。零件必须进行适航性评估，包括适当的制造和确保所有涉及的过程满足要求。虑及这些需求和担忧，FAA 成立了一个增材制造国家队（AMNT），研究和开发 AM 在发动机和机体设计、冶金、检验和通用航空方面的潜力。

此外，AMNT 与美国其他联邦机构和学术界合作，开发和建立 AM 产品认证的指南[19]。这一合作有望加速航天工业与航空工业的融合。

尽管增材制造可以提供许多好处，但对许多变量缺乏了解可能会导致更大的风险[19]。不同于传统方法对材料的影响有着很好的历史记录，增材制造在材料性能方面的影响却知之甚少。这是由于一台给定的机器需要控制近 120 个变量来生产稳定和可重复的零件[20]。始终需要进行试验，以证明通过增材制造生产的零件在整个使用寿命期间都是适用和安全的。

根据 FAA 的设计批准清单，增材制造被归类为原材料在机器中加工以生产近似净成形或近似最终零件的金属和非金属制造方法。为获得 FAA 批准用于航空航天工业，增材制造部件必须符合第 25.603、25.605 和 25.613 节的规定。此外，必须记录所有工艺参数、使用的原材料和设备关键特性，这是为了保证增材制造生产的零件的可追溯性和可重复性。

9.2.1 第 25.603 节材料

本节描述了一旦出现故障对安全性产生不利影响的零件所用材料的适用性和耐久性。零件必须通过经验或试验来确定其符合批准的规范，并考虑环境条件将如何对零件产生影响[20]。

9.2.2 第 25.605 节制造方法

本节描述了制造方法的要求，以确保能生产出一个始终完好的结构。为了获得一个始终完好的结构，要求严格控制的制造过程必须在批准的过程规范下进行，并且每种新飞机的制造方法都必须有一个确保适航性的试验程序[20]。

9.2.3 第 25.613 节材料强度特性和材料设计值

本节描述了航空航天零件的设计要求和材料强度。零件的强度特性必须基于材料试验，以满足批准的规范。选择设计值必须最小化结构故障的概率，其中独立传力结构必须满足 99% 的概率和 95% 的置信度，冗余传力结构必须满足 90% 的概率和 95% 的置信度[20]。

航空航天工业部件的试验和验证需要多层批准，这导致增材制造的部件很难获得使用批准。然而，里程碑式的事件已经发生了，增材制造新制造的部件——一个由通用电气公司（GE）打印的 3D 温度传感器壳体已经通过了 FAA 的认证。增材制造的应用使他们的设计时间减少了一年，从长远来看节省了成本，也允许在工业中更快地实施新技术。该壳体将用于通用电气公司开发的下一代 LEAP 发动机[21-23]。这标志着首批增材制造零件获得 FAA 认证，并为未来零件在航空航天领域批准和应用铺平了道路。

有政府机构批准在行业中使用增材制造部件将扩大增材制造的边界。采用率会随着对增材制造信心的增加而增加，这只能通过对增材制造部件进行适当的认证和鉴定来实现。因此，试验和证明增材制造部件的功效至关重要[8]。

9.3 增材制造实施的建议框架

近年来发展起来的增材制造标准仅针对某些主题[24]。该框架将从最初的设计工作、零件制造所需的设备工艺、最终零件验证和质量体系的持续改进开始讨论实施质量的过程。

以标准为基础，提出了一个涉及 5 个主要领域的增材制造框架（图 9.2）。

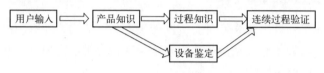

图 9.2　推荐增材制造框架

9.3.1　用户输入

来自计算机辅助设计（CAD）软件的 3D 数据文件和来自 3D 扫描仪的扫描文件是用增材制造设备打印零件所需的基本要素。目前业界广泛使用的事实上的标准文件格式是 STL，作为一个容器在计算机辅助设计程序和增材制造设备之间传输数据。STL 本身有一些固有的问题：作为一种基于表面网格的文件格式，STL 使用三角形元素来生成不同尺寸的形状。尽管与本地 CAD 数据相比，它通常不会有将平面和表面完全复制为相同尺寸的问题，但当需要复制曲面时就会出现问题。网格密度低的大三角形元素会导致细分，从而不能准确地表示曲面。为了获得更高的精度，需要使用更小的三角形元素和更高的网格密度，以牺牲数据空间和计算能力为代价来更精确地表示曲面。STL 格式也不包含用于准确表示零件的其他相关信息，如颜色、纹理、材质属性。

STL 的局限性导致标准化机构专门为增材制造开发新的文件格式。ASTM 开发的一个新标准是增材制造格式（AMF）。新的 AMF 格式将能够支持高级功能，如多材料支持、颜色信息、功能梯度材料，等等。业界首创的另一种文件格式是 3D 制造格式（3MF），由 3MF 联盟开发。主要受行业需求的驱动，大型公司，如微软、Stratasys、欧特克、惠普、3D Systems、西门子和其他公司组成了一个联盟，旨在解决与 STL 合作中出现的关键问题。

增材制造设备软件的一个较新的发展是就地接受大多数计算机辅助设计文件格式，而不需要将它们转换成 STL 格式。例如，Stratasys 最近与在线 CAD 文件存储库 GrabCad 合作，开发了一个增材制造程序，该程序可以导入大多数本机 CAD 文件格式，在内部进行翻译，并将打印零件直接发送到兼容的 Stratasys 机器上。西门子 NX 通过集成 CAM 模块直接用混合增材制造设备 DMGMori Lasertec 65 3D 打印，所有这些软件的进步最终可能会使事实上的 STL 格式过时，但这种转变仍需要数年甚至数十年的时间。

3D 数据格式文件的其他来源来自 3D 扫描数据，或者多个 2D 扫描数据连续堆叠在一起以形成 3D 模型。市场上有多种扫描技术，最流行的是使用双摄像头对物体表面的点进行三角测量，然后将其转换为点云数据。用户只需将物体放在 3D 扫描仪上，按下按钮，就会在计算机中生成 3D 模型。然而，噪声、反射表面、扫描精度等问题经常会导致 3D 模型出现问题。人们也可以质疑 3D 模型的准确性，以及它与实际物体本身相比有多好。

9.3.2　产品知识

增材制造使设计者在考虑制造过程的限制方面有更大的设计自由度。不同尺寸和形状的零件可以在同一台机器上同时制造。因此，设计师需要充分理解产品，以预见和解决从概念阶段到最终产品的所有风险。

自动化制造的设计不同于传统制造的设计，因为它允许复杂几何形状的设计、形状或材料方面的功能梯度设计、通过制造集成零件减少组装以及将零件整合到每个生产流程中[25]。

需要开发新的设计方法来优化增材制造过程的产品。设计者必须理解可用的过程和伴随该过程而来的固有支持的生成。熔融沉积成形、激光选区熔化、立体光固化、数字光投影和材料喷射等工艺要求为具有悬垂部分的零件生成支持，以确保打印稳定性。这些结构不仅起到支撑的作用，还有助于散热和防止零件的热变形[26]。不幸的是，这些支撑结构在打印后可能难以去除，尤其是如果它们由金属制成，这将需要加工来去除支撑。相反，激光选区烧结不需要支撑结构。在 SLS 中，松散的粉末充当支撑物，一旦打印完成，就可以很容易地去除。因此，知道在设计零件的生产中将采用什么工艺是非常重要的，并且为了便于后处理，必须考虑支撑结构。

从设计阶段开始就需要解决与产品相关的风险。有了对产品要求的良好理解，并通过风险评估确定风险目标，就有可能减少需要进行的验证实验的数量。反过来，它减少了产品生产的总体时间和成本。

9.3.3　设备鉴定

任何增材制造设备都需要在三个方面进行鉴定：设备上用于打印的软件、设备的性能和特性，以及设备用于制造的工艺材料，如冷却剂和油。所有这些都必须根据 ISO 9001：2015 的要求进行追溯。增材制造设备还需要按照制造商的规范进行适当和及时的维护和校准，并按照某一标准进行校准（如果适用）。

设备附带的软件以及用于处理和生成打印序列的任何其他第三方软件都应

经过验证。软件的设计必须证明，在允许将软件用于零件生产之前，设备和程序控制将执行所有预期的功能。

任何增材制造系统的性能都可以通过制造一个标准化的测试工件来评估。NIST 提出了一个测试工件来研究第 3 章中讨论的增材制造系统的性能和能力。使用类似工艺的增材制造系统不管机器的寿命如何都必须能够连续生产相同的零件。对增材制造机器的研究正在进行，需要做更多的工作来深入了解这些过程。

增材制造系统的制造商必须规定程序和指南，以确保其客户或用户的机器始终处于良好状态。这可能包括必须由用户或客户负责执行的机器的检查、维护和校准，而用户或客户可能需要定期与制造商联系以完成一些任务。制造商和用户还必须确保机器的维护和校准由合格的人员执行，并且所有的调整和维护活动都有良好的记录。

制造过程中使用的间接过程材料必须从最终产品中移除。由于最终产品中不含这些材料，制造商必须向监管机构和批准机构证明产品不含间接过程材料，并且产品安全不会受到过程材料使用的影响。一种这样的间接过程材料是制造过程中使用的气体。在 SLM 过程中熔化金属需要用氩气或氮气充满舱室，作为惰性覆盖层。然而，这些气体并不属于最终设计的零件而必须在打印完成时去除。值得庆幸的是，一旦打印完成，清除这些气体相对简单。同样重要的是，这些过程材料不会对零件本身产生不良影响，例如，改变零件的微观结构或化学性质，从而影响产品的整体安全性。

9.3.4 过程知识

理解打印过程是很重要的，以便可预测地确定零件的最终属性，并预见该过程可能导致的潜在缺陷。准确和全面验证的过程模型是在现实制造中推进采用和部署自动化制造过程的实际需要[27]。

需要确定关键的子过程，如激光和光学系统操作、温度控制、运动控制和材料沉积控制。此外，每个子过程的显示参数都要进行标准化和监控。这些参数可以是扫描速度、层厚、扫描策略等。需要了解这些参数如何转化为零件的输出质量特性，如尺寸精度、表面粗糙度、微观结构和力学性能。这样就有可能根据这种理解来确定关键参数、它们的最佳值和控制极限，以达到所需的输出特性[24]。

材料管理在增材制造过程中，尤其是对工业规模具有重要意义。材料的可追溯性是确保制造环境中材料质量和完整性的先决条件。目前，提高增材制造材料可追溯性的方法包括 Stratasys 公司的密封 FDM 工艺 PolyJet 材料盒，这些材料盒带有嵌入式射频识别标签，可由增材制造设备读取。然而，金属和聚合物的粉末工艺的可追溯性相对有限。这种情况由于未使用的粉末的再循环以及与这些过程中涉及的较新批次的粉末混合而变得更加复杂。有研究表明，回收粉末对零件的结构和力学性能有不利影响[28]，或随着时间的推移，聚合物粉末随着重复加热和冷却而降解[29]。除了增强可追溯性的方法，对材料的这种影响也应该得到很好的理解。

充分的过程理解对于在所提议框架的后续阶段实现闭环反馈系统和现场连续过程验证是至关重要的。这不仅包括过程的技术方面，还包括子过程、过程参数和输入材料的管理，这些都是确保零件质量始终如一的关键。

9.3.5　连续过程验证

增材制造过程的基本性质决定连续过程验证的必要性。与由块状材料加工而成的零件相比，该零件具有非常均匀的微观结构和力学性能，原材料中的任何微小异常或在增材制造过程中的任何点出现的任何未被注意到的异常都可能损害零件的质量。例如，在金属激光熔融增材制造过程中，由于电涌或异常尺寸的粉末颗粒引起的激光束的轻微闪烁可能仅在一个关键层改变零件的微结构。如果不被注意到，这种偏差可能会导致生产零件的灾难性故障。不幸的是，在生产后基本不可能可靠地检查零件的这种异常，特别是如果它由旨在利用增材制造的优势的复杂几何形状组成时。

对原材料进行表征并确定其可接受的规格是实现连续过程验证所必需的。原材料的规范可包括属性，如颗粒尺寸、尺寸分布、形态、黏度、熔点，以及非固有属性，如粉末流动性[24]。对进料到工艺中的材料进行监控是确保向增材制造工艺提供一致材料的关键。

为了确保零件的一致性，需要对自动化制造的核心过程进行现场监控，如烧结或熔化，尤其是通常涉及相对较长的生产实践。这可以通过自动视觉检查系统来执行，并且还可以识别和监控构建室中的间接环境因素，例如由于不正确的熔化而产生的过量烟雾。

还可以将截面水平上的零件几何参数与数字模型中的数据进行比较，以确保打印过程中的尺寸精度。这也将使复杂零件的内部特征的几何验证成为可能，而传统的计量仪器在后期可能无法达到相同的水平。零件横截面的光学测量也有助于有效评估产品中任何自由曲面的公差[30]。该过程可以通过基于经过验证的过程模型的监控数据的反馈机制来适当地控制。

9.4 问　　题

（1）解释质量管理体系在组织中的作用。

（2）为什么质量管理体系的持续改进很重要？

（3）区分"标准定义机构"和"监管或法定机构"的角色。

（4）讨论设计师理解不同增材制造过程的重要性。

（5）讨论有根据的过程理解的重要性及其在实现连续过程验证中的相关性。

（6）增材制造中目前事实上使用的文件格式是什么？列出它的一些限制。

（7）从增材制造的角度讨论设备资质的重要性。

参 考 文 献

［1］ C. K. Chua, K. F. Leong. 3D Printing and Additive Manufacturing: Principles and Applications, fifth ed. , W orld Scientific Publishing Company , Singapore, 2017.

［2］ C. K. Chua, M. V. Matham, Y. J. Kim. Lasers in 3D Printing and Manufacturing, W orld Scientific Publishing Company , Singapore, 2017.

［3］ M. Mani, B. Lane, A. Donmez, et al. Measurement Science Needs for Real-Time Control of Additive Manufacturing Powder Bed Fusion Processes, National Institute of Standards and T echnology , Gaithersburg, MD , USA, 2015.

［4］ M. J. Harry , R. R. Schroeder. Six sigma: The Breakthrough Management Strategy Revolutionizing the W orld's Top Corporations, Broadway Business, 2005.

［5］ R. Shah, P. T. W ard. Lean manufacturing: context, practice bundles, and performance, J. Oper. manag. 21（2003）129-149.

［6］ ISO. ISO 9001: 2015, quality management systems, ISO, 2015.

［7］ IDA. Equipment registration framework. Available from: https://www . ida. gov. sg/EquipmentRegistrationFramework, 2015.

［8］ 3D Engineer. Federal regulations for 3D printing. Available from: http://www. 3dengr. com/federal-regulations-for-3d-printing. html, 2015.

［9］ R. Wright. Regulatory concerns hold back 3D printing on safety. Available from: https://www. ft. com/content/bfab071c-6abc-11e4-a038-00144feabdc0#axzz3udU0khrB. html, 2014.

［10］ FDA. FDA—What We Do. Available from: http://www. fda. gov/AboutFDA/What We-Do/default. htm, 2015.

［11］ S. Leonard. FDA grapples with future regulation of 3-D printed medical devices. Available from: http://www. mddionline. com/article/fda-grapples-future-regulation-3-d-printedmedical−devices−140613, 2014.

[12] R. J. Morrison, et al. Regulatory considerations in the design and manufacturing of implan table 3 D−printed medical devices, Clin. Transl. Sci. 8 (2015) 594−600.

[13] R . J. Szczerba. FDA approves first 3D printed drug. Available from: http://www. forbes. com/sites/robertszczerba/2015/08/04/fda − approves − first − 3 − d − printed − drug/, 2015.

[14] D. Basulto. Why it matters that the FDA just approved the first 3D−printed drug. Available from: https://www. washingtonpost. com, 2015.

[15] J. Hartford. FDA's View on 3 − D printing medical devices. Available form: http://www. mddionline. com/article/fdas−view−3−d−printing−medical−devices, 2015.

[16] E. Krassenstein. DENTCA receives FDA approval for world's first material for 3D printed denture bases. Available from, 2015.

[17] D. H. Trinh. Regulatory approval of implants produced with additive manufacturing, presented at the 13th annual Orthopaedic Manufacturing & T echnology Exposition and Conference (OMTEC 2016), Chicago, IL, USA, 2015.

[18] FAA, Federal aviation administration. Available from: https://www. faa. gov/, 2015.

[19] T. Hoffmann, Your airplane is ready to print! Available from: http://www. faa. gov/news/safety_ briefing/2015/media/MayJun2015. pdf, 2015.

[20] J. Kabbara. FAA: Additive manufacturing, presented at the Gorham PMA and DER conference, San Diego, CA, USA, 2015.

[21] T. Kellner. The FAA cleared the first 3D printed part to fly commercial jet engine from GE. Available from: http://www. gereports. com/, 2015.

[22] Metal Additive Manufacturing, GE aviation to retrofit over 400 commercial jets engines with new additive manufactured sensor. Available from: http://www. metalam. com/ge−aviation−to−retrofit − over − 400 − commercial − jets − engines − with − new − additive − manufactured − sensor/, 2015.

[23] GE Aviation. First additive manufactured part takes off on a GE90 Engine. Evandale, OH, USA, 2015.

[24] W. Y. Yeong, C. K. Chua. A quality management framework for implementing additive manufacturing of medical devices, Virtual Phys. Prototyp. 8 (2013) 193−199.

[25] I. Gibson, D. W. Rosen, B. Stucker. Additive Manufacturing Technologies, Springer, New York, USA, 2010.

[26] M. X. Gan, C. H. Wong. Practical support structures for selective laser melting, J. Mater, Process. Technol. 238 (2016) 474−484.

[27] J. Pellegrino, T. Makila, S. McQueen, et al. Measurement science roadmap for polymer−based additive manufacturing, Material Measurement Laboratory, National Institute of Standards and Technology, 2016.

[28] M. Toth-Tas, cău, A. Răduță, D. I. Stoia, et al. Influence of the energy density on the po-
rosity of Polyamide parts in SLS process, Diff. Defect Data Pt. B Solid State Phenom. 188
(2012) 400-405.

[29] K. Plummer, M. Vasquez, C. Majewski, et al. Study into the recyclability of a thermoplastic
polyurethane powder for use in laser sintering, Proc. Inst. Mech. Eng. 226 (2012)
1127-1135.

[30] K. Wolf, D. Roller, D. Schäfer. Approach to computer-aided quality control based on 3D
coordinate metrology, J. Mater. Process. Technol. 107 (2000) 96-110.

作者介绍

蔡志楷，新加坡增材制造中心（SC3DP）执行主任，新加坡南洋理工大学（NTU）机械与航空航天工程学院全职教授。在过去的 25 年里，蔡志楷教授在南洋理工大学成立了一个强大的研究小组，在利用各种增材制造技术进行计算机辅助组织工程支架制造方面具有开创性和领先地位。他在生物材料分析和组织工程的快速成形过程建模和控制方面作出了重大贡献，得到了国际上的认可。他的工作已经扩展到用于国防应用的金属和陶瓷的增材制造。蔡志楷教授在 300 多份国际期刊和会议上发表过大量文章，被引用次数超过 6300 次，并在美国 Hirsch 的科学网络索引中拥有 38 个索引。
他的著作《增材制造与增材制造：原理与应用》 （*3D Printing and Additive Manufacturing*：*Principles and Applications*）已出版第五版，在美国、欧洲和亚洲的大学广泛使用，被国际学术界公认为该领域最好的教科书之一。他还出版了另外两本书《生物印刷：原理和应用》和《增材制造和制造中的激光》。他是科学网络中增材制造和 3D 打印（或称快速原型设计）领域的世界第一作者，也是该领域世界上被引用次数最多的科学家。他是国际期刊《虚拟与物理原型》的联合主编，并担任另外三家国际期刊的编委会成员。2015 年，他创办了一本新杂志《国际生物印刷杂志》，目前担任主编。蔡志楷教授是一位专注于培养下一代的教育工作者，自 1990 年起，蔡志楷教授因他出版的增材制造系列图书获得了广泛的关注，并为新加坡及全球的产业界和学术界举办了超过 60 个专业发展课程。2013 年 10 月 1 日至 5 日，在葡萄牙莱利亚举行的第六届虚拟与快速原型高级研究国际会议（VRAP 2013）上，他因对增材制造的贡献获得了"学术生涯奖"。

可以通过电子邮件 mckchua@ ntu. edu. sg 联系蔡志楷博士。

黄志豪，新加坡南洋理工大学机械与航空航天工程学院副教授。他在建模和仿真领域拥有超过 14 年的丰富研究经验。他分别在英国伯明翰大学取得制造工程学士学位，在新加坡南洋理工大学取得硕士和博士学位。在 2008 年加入南洋理工大学之前，他是数据存储研究所的高级研究员。2014 年获南洋理工大学卓越教学学院院士。2014—2016 年担任该校机械与航空航天工程学院副院长（学生）。2016 年被任命为该校工程学院教务处副主任，负责学院本科生和研究生的课程设置、招生和教学

工作。他的研究兴趣包括模拟和建模，如纳米级材料的原子模拟和增材制造过程的建模，以及激光选区熔化。到目前为止，他在国际同行评审期刊上发表了70 多篇技术论文，被引用超过 1000 次。他目前的 H 指数为 18。他目前担任新加坡增材制造中心（SC3DP）、SLM 解决方案联合实验室和 NAMIC@ NTU 的"制造的未来"项目主任。他是美国机械工程师协会（新加坡）的行政会议成员，并从 2013 年到 2014 年担任其主席。他也是 ASTM F42 和增材制造技术委员会（新加坡）的成员。

可以通过电子邮件 chwong@ ntu. edu. sg 联系黄博士。

杨惠仪，新加坡南洋理工大学机械与航空航天工程学院助理教授。她还担任新加坡增材制造中心（SC3DP）的航空航天和国防项目主任。

杨惠仪于 2003 年及 2006 年分别获南洋理工大学机械与航空航天工程学士（一等荣誉）及博士学位。在 2013 年加入 MAE 之前，她在研发、制造和质量体系的技术和监督职能方面有丰富的行业经验。她曾在新加坡 SIMTech 任研究工程师，在 Abbott Vascular 任副研究科学家，在 MSE NTU 任研究员，在爱尔康新加坡任首席工程师。她的工作经历让她对标准和质

量在制造和研究中的重要性有了全面的认识。她的主要研究兴趣是增材制造、生物打印，以及先进技术的转化工业应用。她目前的研究课题包括增材制造金属、多功能和轻型结构，以及生物印刷在组织工程。她还出版了另一本书《生物印刷：原理和应用程序》。她担任国际期刊的副编辑和审稿人。目前，她是世界上发表增材制造论文最多的 25 名科学家之一。

可以通过 wyyeong@ ntu. edu. sg 联系杨博士。

内 容 简 介

本书针对增材制造技术研究、生产以及在多行业领域的推广、应用等活动中对于标准、质量控制及计量科学等方面的需求，系统性和体系化地介绍了增材制造标准现状、增材制造专用的质量体系架构、数据传输中的数据格式及过程控制、不同增材制造原材料及材料的表征方法、增材制造系统及设备鉴定与确认活动及其安全性考虑、增材制造系统及打印零件的基准和计量方法等。

本书适合增材制造领域及相关领域学生、科研人员、工程师及监管部门专家等参考使用。